谨以此书
献给所有渴望升级大脑的人

高效记忆力
训练→手册

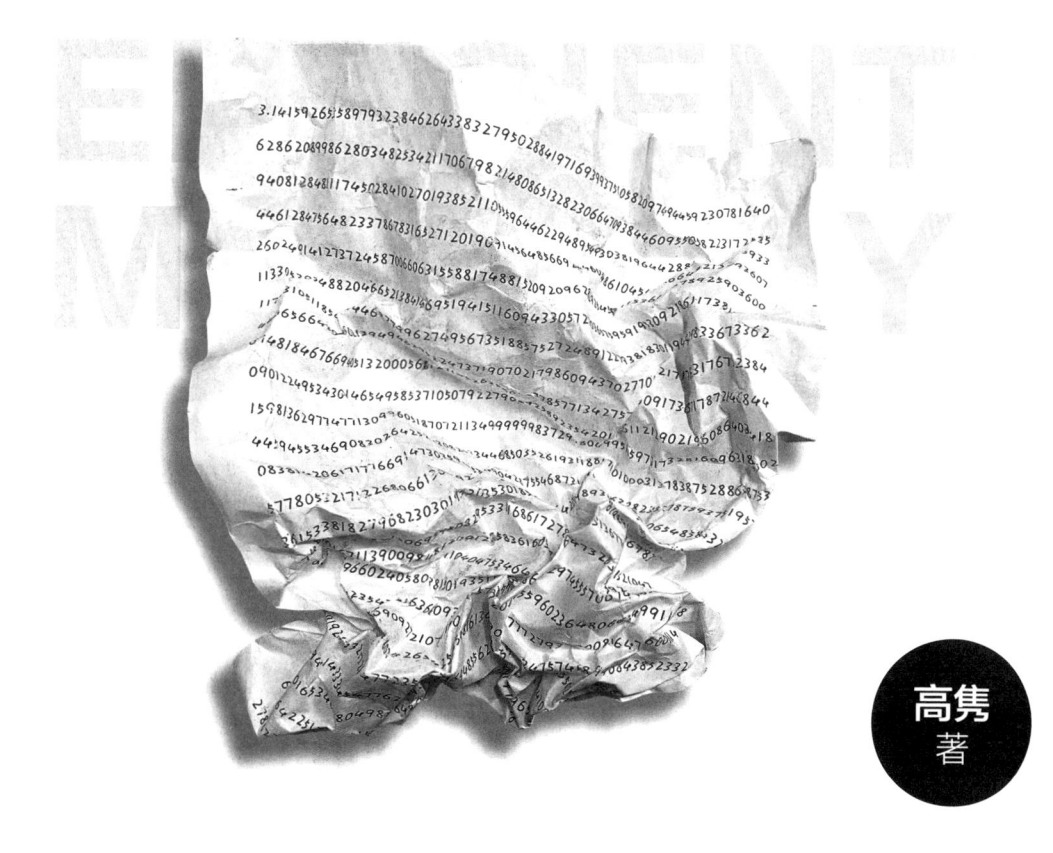

高隽 著

中国纺织出版社有限公司

内 容 提 要

高效记忆力是可以训练出来的。世界记忆大师高隽用亲身经历证明：只要找到自己热爱的事情并坚持下去，每个人都可以成为更好的自己。如果你渴望拥有高效的记忆力，全世界都会帮助你。这是一本一学就会的记忆书籍，旨在用最浅显易懂的表达方式，让你仅通过自学，就可以学会如何利用记忆法速记单词、诗词、学科知识等，帮助被记忆问题捆住手脚、不知道未来更多可能性的人化茧成蝶，也帮助那些对智力锻炼、脑力运动感兴趣的人，打开通往高效记忆世界的大门。

图书在版编目（CIP）数据

高效记忆力训练手册 / 高隽著. -- 北京：中国纺织出版社有限公司，2023.5
ISBN 978-7-5229-0365-1

Ⅰ. ①高… Ⅱ. ①高… Ⅲ. ①记忆术–手册 Ⅳ. ①B842.3-62

中国国家版本馆CIP数据核字（2023）第034325号

责任编辑：郝珊珊　责任校对：高　涵　责任印制：储志伟

中国纺织出版社有限公司出版发行
地址：北京市朝阳区百子湾东里 A407 号楼　邮政编码：100124
销售电话：010—67004422　传真：010—87155801
http://www.c-textilep.com
中国纺织出版社天猫旗舰店
官方微博 http://weibo.com/2119887771
鸿博睿特（天津）印刷科技有限公司印刷　各地新华书店经销
2023年5月第1版第1次印刷
开本：710×1000　1/16　印张：12.5
字数：198千字　定价：62.80元

凡购本书，如有缺页、倒页、脱页，由本社图书营销中心调换

赞誉

很开心高隽把她的大脑高效升级记忆术，写成了体系完整、脉络清楚的实用好书，希望能给身处这急剧变化时代的每个人"全新维度"的应变能力！

——北京大学讲师、作家　李欣频

高隽老师耕耘于大脑教育领域十余年，是我曾经的同事，她对学生用心负责，对教学充满热情。她将教学精华和成为世界记忆大师的经验在此书中分享出来，如果你按照本书刻意练习，也可以像高老师一样为大脑赋能，让生命绽放！

——世界记忆总冠军教练、作家　袁文魁

在竞技领域，记忆法其实一直在更新迭代，但受众面很广的实用记忆领域，一直没有多大的进展和更新。看了下高隽这次出版的书，仅看目录就吸引了我的注意力，实用性非常高。期待新书让更多人轻松学习，提升效率！

——中国记忆总冠军、世界记忆冠军教练　郑爱强

我至少看过上百本有关记忆的书籍，如果非要我推荐一本的话，我只能推荐高隽老师的这本。因为它来源于高老师多年实战课堂的经验之精髓。

——脑力系列丛书作家　石伟华

此书从理论到基础再到进阶，从学科到竞技，提供了完善的、全新的、高效的且易懂的记忆理念和记忆方法，提供了适合多个专业学科的核心记忆体系。不论是学习考试，还是职场提升，都能帮你快速找到上乘的记忆通道，更新你的底层思维，从而大幅提升你的学习力和竞争力，实现颠覆性的飞跃。

——世界记忆锦标赛全球总裁判长，《挑战不可能》第四季、第五季特邀嘉宾，世界记忆大师　何磊

如果你是一个因准备职业考试而为记忆掉头发的成年人，如果你是一个为自己孩子的记忆力发愁的宝爸/宝妈，如果你想升级自己的大脑，成为一个会思考的人，这本书一定不要错过！

——《洋葱阅读法》作者、游戏化创新教育专家　彭小六

高隽老师是一位智慧与美貌并存的世界记忆大师，如果有机会的话，你一定要去听一次她的线下课程，我相信你会被她精彩绝伦的记忆方法所吸引。如果不能跟高老师当面学习，那就让她的这本书带你走进一个全新的记忆世界吧！

——记忆九段世界杯赛创始人　周强

99%记忆力不太好的学生背东西只有死记硬背。其实记忆是有方法的，掌握方法，普通人也可以过目不忘。推荐世界记忆大师高隽老师的新书，书中讲解了大量的实用记忆方法和案例分析，相信可以帮你打开新的记忆大门。

——中国记忆冠军、《最强大脑》参赛选手　李俊成

和高老师认识了许多年，一直以来，高老师对待教学都特别认真。同

时，她潜心钻研的记忆方法也帮助很多人获得了改变。最重要的是，高老师可以用非常轻松幽默的方式去传授记忆经验，这本书值得每一个人想要改变的人学习。

——世界记忆大师、《最强大脑》选手　卢菲菲

对于知识的记忆能力我们与生俱有，但并不是人人都会运用。在以往学习当中，要背诵的内容常常令我们畏惧。其实不用畏惧，我们只是缺少了一套方法，科学的记忆方法。高大师不仅通过科学的学习获得"世界记忆大师"的称号，而且扎根记忆行业十余年。我相信她对于记忆的理解和运用都有宝贵的经验，也相信她一定能把所学尽自己所能传授出来。所以，请翻开高大师这本经验的结晶，领悟记忆方法带来的震撼，让自己学会记忆方法，享受记忆！

——世界记忆大师、亚洲记忆大师　冯汝丽

高隽老师是高颜值、高学历、高能量的老师。她是超实战派的世界记忆大师，本书汇聚了她多年脑力教学实操的黄金方法。如果你想提升记忆力，相信这本书一定会让你"记"高一筹！

——《记忆高手》作者、世界记忆大师　赵美君

颜值与才华共存、智慧与美貌一身的高老师，搭配上竞技与实用兼顾、内功与外功兼修的记忆魔法书，你值得拥有。方法是学会的，能力是练会的，相信你一看就懂、一学就会、一用就灵。

——特级记忆大师、《挑战不可能》第五季嘉宾　覃雷

在这个充斥海量信息的时代，拥有快速记忆的能力，必将助你在学习

工作中效率翻倍。高隽老师，集才华和美貌于一身，有着多年一线教学经验，且在行业知名企业从教，是一位有着丰富实战经验的记忆学老师。

这本书，集合了她多年的教学智慧和心得。书中涵盖了记忆方法、学科应用、综合提升、内功心法等，知识丰富。

相信看完这本书，你一定会从书中学有所获，受益匪浅。

——特级记忆大师、第28届世界脑力锦标赛形象大使　倪生贵

高老师是一个热爱学习，富有高雅情趣且乐于分享的好老师。本书是由高老师多年一线的丰富实战教学经验浓缩而成，对文字、数字、单词及抽象内容的高效记忆方法进行了系统的讲解，覆盖了学习生活的方方面面。期待本书可以让热爱学习的你受益。

——世界记忆大师、2022年世界思维导图锦标赛十佳选手　赖东平

高隽老师的处女作终于要跟大家见面啦！此书不仅是对某个人有用，而是对所有需要提高学习、记忆、思维等能力的小伙伴都有非常大的帮助。除了听力，我们日常见到的文字、数字、图形、字母等组合成的任何信息，此书都能教你轻松记忆。书中不仅有简单的方法原理讲解，也有大量的案例辅助你去正确应用这些记忆方法。如果你认真学习并坚持训练下来，你绝对会感谢自己并让自己的学习效率提高不止十倍！

——世界记忆大师、《挑战不可能》选手　林少坤

诚挚推荐高隽老师的这本心血之作，它融汇了高老师从事记忆法教学十多年的智慧结晶和实战经验，必定可以帮助更多的中小学生和成人快速提升记忆力，改造大脑、改变命运！

——世界记忆大师、国际认证一级记忆裁判　程建峰

赞誉

本书并不是一本娱乐化的大众记忆书籍,其目的是通过系统化地指导,帮助记忆力差或想提升记忆力的小伙伴打造一个快速、高效的大脑。在未来学习的道路上,如果能够让本书与你结伴而行,那么你一定能够遇到一个更强大、更美好的自己!

——世界记忆大师、《学会记忆》作者 李豪

高老师从事记忆行业多年,对记忆法有着非常深刻而独到的见解,书中更有各学科和资格考试技巧,从实用到竞技,由浅入深地给小白进行讲解。相信她的这本倾力之作,一定能带你提高学习和工作中的效率

——世界记忆大师、亚洲记忆大师 郭家华

高老师的这本书由浅入深地带领你掌握记忆方法,并且列举了大量和学习相关的记忆方法,帮助学生提升成绩,提升记忆力。无论你是想学习记忆法用于实用记忆,还是竞技比赛,都会有所收获。

——世界记忆大师、亚洲记忆大师 柯隆多

作为一名优秀的世界记忆大师,高隽老师拥有过硬的专业技能和丰富的教学经验。在本书中,高老师清晰地讲解了记忆方法的原理和使用要点,并且配了大量生动的教学案例,具有很强的实用性。无论是在学习还是在工作中,只要能将这些记忆方法灵活运用,相信你的记忆效率一定会大幅提升!你会发现原来记忆是一件轻松和快乐的事情!

——世界记忆大师、世界记忆冠军教练 常野

高隽老师是我名下最优秀的弟子,她成长为世界记忆大师之后,孜孜以求的是培养更多的大师。她训练出不计其数的具有超强大脑的优秀人

才。该书出版，将成为学子们的福音和指路明灯！

——武汉大学副教授、十佳优秀教师，曾获杰出教学贡献校长奖　萧圣中

高老师的这本书不仅讲解了丰富而又常用的记忆方法，还将方法运用于实操的学习之中，进行了一一举例，非常适合渴望提高记忆力，从而助力学习力的人们翻阅和借鉴。书中的脑力提升和成功心法会为你的大脑插上一对有力的翅膀，帮助你在记忆的世界里翱翔。

——特级记忆大师、《最强大脑》第一季选手　胡小玲

推荐序

韩愈在《符读书城南》里写道:"木之就规矩,在梓匠轮舆。人之能为人,由腹有诗书。诗书勤乃有,不勤腹空虚。"中国几千年文明的发展史,也是文化知识传承并不断创新的历史。文明的传承也许就是对不同的技能、不同的领域的传承,其实也是对相应技能、相应领域知识和思想的传承。

在整个文明延续和传承的过程中,承接主要传承使命的是老师。老师的思想和技能决定着他所能够影响到的所有学生的思想和技能,进而决定着这些人的人生轨迹甚至命运。《尸子》有云:"学不倦,所以治己也;教不厌,所以治人也。"学生如此,老师亦更应如此。

高隽老师一直心怀帮助学生轻松记忆、高效学习的志向。她不断训练、突破,通过努力成功获得"世界记忆大师"荣誉,在东方巨龙教育工作十一年,获得无数学生的认可。她不仅自己受益于记忆法,更不断专研、精进记忆技术,用自己的积极、正能量,为学生的成长而奉献,带领一批又一批的学员们变得更好!正如平生尚实行而薄空言的尹会一在《健余扎记》中所言:学则可以作圣,不学则无以成人。作为传道授业解惑的老师,不断提升修行虽无以与圣贤并论,但心之所致足以正视自己。高老师就是那位严于律己,不断学习提升,不断影响更多人高效学习的好老师!

著名教育家叶圣陶先生说:"培育能力的事必须不断地去做,又必须随时改善学习方法,提高学习效率,才会成功。"英国哲学家、科学家弗朗西斯·培根说："一切知识只不过是记忆。"我们要想达到真正的教育目的，让学生掌握更好的记忆技术显得尤为重要。这也是我们团队致力于帮助中国人轻松记忆、高效学习，让大家觉得学习可以是一件更简单、更有趣、更轻松的事情的初心所在！

高老师这本书不仅分享了大脑的记忆原理、学生学习各个科目该掌握的记忆技巧，还有如何高效成长的心法和个人成长分享，值得每位想要提高学习效率，提高进步速度的人阅读！期待看到更多人能够不断学习、修炼自己，更多人能够掌握更好的记忆方法，让自己的学习变得更加轻松和高效！

刘 苏

东方巨龙教育创始人、世界记忆冠军、世界记忆冠军教练

序言

10年前，我还是个普普通通的打工者，每天就是机械性地上班下班、吃饭睡觉。一成不变的日子让我"丧"到谷底，二十几岁的年纪却没有一点朝气。

10年之后，我站在灯光绚烂的舞台上慷慨激昂地为大家演讲。台下几百位观众用崇拜的眼神注视着我，认真地倾听着舞台上像明星一样的我用心为大家分享的每一句话。

是什么让我发生了如此巨变？

请允许我在给大家分享专业的知识之前，先来讲讲我自己的故事。

大学毕业后，为了改变当时的生活状态，我选择了一条自认为的捷径：考研。用知识改变命运。

打定这个主意后，所有问题都冒出来了。那个时候家里条件特别艰苦，是没有办法支持我的梦想的，所以，班不可以不上，考研的培训班又报不起，无奈之下，只能选择边工作边备考。早上早起几小时，晚上晚睡几小时，全力冲刺。要背的资料实在太多，我还上着班，又只剩下3个月复习时间，怎么办？正是在那个时候，我认识了记忆法。

如何用最短的时间记住考研的知识点？

于是，我上网搜提升记忆力的书，不仅买了记忆类的书籍，还将与此相关的速读、思维导图书籍统统收入囊中。一边自学高效学习的方法，一边将这些方法运用到备考的内容上，就这样边学边用，结果……

结果我就这样顺利考上了武汉大学的研究生，后来进入国内记忆龙头机构当老师，以至获得"世界记忆大师"终身荣誉，培养了很多像我一样的"世界记忆大师"。我的学生甚至比我更优秀，有的成为中央电视台《挑战不可能》的脑力明星，有的去了清华大学读博士研究生……

我要用我自己的亲身经历证明：只要找到自己的热爱并坚持下去，每个人都可以成为更好的自己。

我一直有一个心愿，就是让更多的人有机会接触到这种方法，并掌握这种方法。我要把我在记忆培训界这10年的宝贵经验统统分享给你，帮助那些还在"学海"里苦苦挣扎的同学，帮助需要在短时间内考取证书的成年人，帮助对脑力、智力感兴趣的学霸挑战更多不可能，帮助被琐碎日常捆住手脚，不知道未来更多可能性的人，帮助自信心缺失，对自己、对生活感到绝望的人。

于是我决定写一本能够通过自学掌握这一套高效学习方法的书。

这一本书就这样诞生了。这是一本一学就会用的记忆书籍，旨在用最为浅显易懂的表达方式让你学会通过记忆方法速记单词、诗词、古文、历史、政治等考点，助你轻松应对各类考试。

记忆法这门技术不仅能帮助你背几个单词，记住几首诗词，更能改变你看待世界的方式。学过记忆法的你和之前的你，是截然不同的两个人，就像毛毛虫蜕变成蝴蝶。

记忆使你学习到新的技能，掌握一门新语言。记忆法好似有魔法一般，让时间变得很慢，让你从容不迫，将焦虑、忧郁一扫而尽。渐渐地，你会发现自己的专注力、观察力、思维力、想象力和创造力都在变好。所以，记忆法只是一个让你提分，帮你通关的工具吗？答案当然是否定的。

多久才能掌握这样高超的技能呢？

3年？半年？或者一个月？何不更大胆一点？！

给自己3周的时间来认识记忆法、了解记忆法，养成记忆大师的思维模式，你也可能在短时间达到专业水平。

不要觉得这是天方夜谭。我的恩师"最强大脑"王峰老师只用了一个月就练成了"世界记忆大师",我教的学生最快用两个半月就能达到专业水平,所以你也可以。

我希望这本书带给大家一种冒险的体验,让大家体验到激情与趣味。任何旅程的第一步总是最为艰难的,但它也是令人振奋的。

希望你也能学会沉浸式记忆,也能体验到"心流"的感觉。这也是外行非常不解的地方:为什么我们可以一口气记忆几小时?这是因为记忆法让你时时处于正念的状态,在沉浸的体验中,几小时就像几分钟。记忆法训练不是枯燥无聊的机械性记忆,而是一场修心之旅,让你能和自己好好待在一起,安于当下,体会到超高速记忆的愉悦感和成就感。

这本书可以做到什么?

让你明白,原来世界记忆大师也是普通人,原来记忆法不是只有智商超群的人才能学会。没有谁是天生的记忆天才,无非经过刻意练习罢了。只要大家跟着书中的方法,一个一个练起来,你也很快能够成为记忆的天才。

这本书不可以做到什么?

这本书不可以代替你亲自动手操练。

老师再牛,方法再妙,跟你也没有半毛钱关系,除非你动手实践。

听了很多道理,依然过不好这一生的原因是什么?无非是,从来不思考,从来不行动。无行动,无改变,就是这么简单。

我是世界记忆大师高隽。我将陪你一起体验记忆魔法的美妙与神奇,助你收获一个长满"记忆肌肉"的自己。借由升级后的大脑去做一切你想做的事情,尽情体验人生吧!

2022年12月

本书学习指南

目前你已经大致了解了《高效记忆力训练手册》的内容,那么该如何更高效地阅读这本书呢?

秘籍一:及时沟通

作业。每个章节的最后我都给大家布置了课程相关的训练作业,在微博"高老师教记忆"超话页面下,留下你的作业,并@世界记忆大师高隽。

提问。每个小伙伴在实际运用这些方法时肯定会遇到各种各样的问题,不要害怕,将你的问题发到微博"高老师教记忆"超话页面,集思广益,来一次记忆达人间的脑力激荡。也许你的问题正好是其他小伙伴也面临的,在电光石火之间收获一个记忆达人版的自己。我看到后也会针对这些问题做回复。如果你提的问题非常有趣且具有代表性,我会在接下来的直播或微信公众号文章里做详细的解答。

秘籍二:分享

费曼学习法。我们都知道费曼学习法,以教为学。如何了解自己的学习情况?可以通过教学进行检测。你可以将本书里的好方法、案例或金句消化后,以自己的方式讲给"小白"听,如果他能听明白,说明你已经掌握了这些内容。

电视明星。看完书,按照书里的方法训练起来,坚持21天你就可以出山了。赶紧找机会在亲戚朋友面前表演记忆法吧!收获一个记忆天才版的自己。

目录

第一章	**记忆的基础理论**	**001**
第一节	大脑	002
第二节	什么是记忆法	004
第三节	评估记忆能力	007
第二章	**零基础入门篇**	**011**
第一节	把抽象的信息转换成形象的信息	012
第二节	人物定位法	013
第三节	数字编码定位法	015
第四节	配对联想法	020
第五节	身体定位法	022
第六节	绘图法	024
第七节	记忆宫殿法	027
第八节	打造黄金记忆宫殿	030
第九节	口诀法	038
第十节	故事法	039
第十一节	思维导图法	042
第十二节	音乐法	048

第三章　记忆法进阶之学科应用篇　　**049**

- 第一节　速记单词的九大方法⋯⋯⋯⋯⋯⋯⋯⋯⋯⋯⋯⋯050
- 第二节　速记英语词组⋯⋯⋯⋯⋯⋯⋯⋯⋯⋯⋯⋯⋯⋯058
- 第三节　速记汉字字形、字音⋯⋯⋯⋯⋯⋯⋯⋯⋯⋯⋯059
- 第四节　速记文学、文化常识⋯⋯⋯⋯⋯⋯⋯⋯⋯⋯⋯062
- 第五节　速记诗词、古文⋯⋯⋯⋯⋯⋯⋯⋯⋯⋯⋯⋯⋯065
- 第六节　速记历史知识点⋯⋯⋯⋯⋯⋯⋯⋯⋯⋯⋯⋯⋯077
- 第七节　速记地理知识点⋯⋯⋯⋯⋯⋯⋯⋯⋯⋯⋯⋯⋯079
- 第八节　速记生物知识点⋯⋯⋯⋯⋯⋯⋯⋯⋯⋯⋯⋯⋯080
- 第九节　速记物理知识点⋯⋯⋯⋯⋯⋯⋯⋯⋯⋯⋯⋯⋯082
- 第十节　速记化学知识点⋯⋯⋯⋯⋯⋯⋯⋯⋯⋯⋯⋯⋯084
- 第十一节　速记资格证考试考点⋯⋯⋯⋯⋯⋯⋯⋯⋯⋯086
- 第十二节　速记生活资讯⋯⋯⋯⋯⋯⋯⋯⋯⋯⋯⋯⋯⋯090

第四章　记忆法进阶之竞技篇　　**093**

- 第一节　记忆运动⋯⋯⋯⋯⋯⋯⋯⋯⋯⋯⋯⋯⋯⋯⋯⋯094
- 第二节　记忆竞技技术揭秘⋯⋯⋯⋯⋯⋯⋯⋯⋯⋯⋯⋯097
- 第三节　五大核心思维⋯⋯⋯⋯⋯⋯⋯⋯⋯⋯⋯⋯⋯⋯121
- 第四节　问与答⋯⋯⋯⋯⋯⋯⋯⋯⋯⋯⋯⋯⋯⋯⋯⋯⋯122

第五章　综合脑力提升　　**125**

- 第一节　专注力⋯⋯⋯⋯⋯⋯⋯⋯⋯⋯⋯⋯⋯⋯⋯⋯⋯126
- 第二节　观察力⋯⋯⋯⋯⋯⋯⋯⋯⋯⋯⋯⋯⋯⋯⋯⋯⋯129
- 第三节　思维力⋯⋯⋯⋯⋯⋯⋯⋯⋯⋯⋯⋯⋯⋯⋯⋯⋯136
- 第四节　想象力⋯⋯⋯⋯⋯⋯⋯⋯⋯⋯⋯⋯⋯⋯⋯⋯⋯139
- 第五节　创造力⋯⋯⋯⋯⋯⋯⋯⋯⋯⋯⋯⋯⋯⋯⋯⋯⋯140

第六章　内功心法 ·· **143**
　　第一节　刻意练习 ·· **144**
　　第二节　冥想 ·· **147**
　　第三节　心流 ·· **150**

附录：高隽老师培养的"世界记忆大师"
　　和《挑战不可能》明星学员风采 ····················· **153**

感恩宣言 ·· **175**

第一章
记忆的基础理论

- ★ 第一节　大脑
- ★ 第二节　什么是记忆法
- ★ 第三节　评估记忆能力

第一节 >>> 大脑

一、大脑的分工

大脑由约140亿个脑细胞组成,每个脑细胞可生出2万个树枝状的树突用来传递信息。人脑"计算机"的功能远超世界上最强大的计算机。

人脑可以储存50亿本书的信息,是中国国家图书馆藏书(约3000万册)的167倍。

人脑神经细胞间每秒可完成的信息传递和交换次数达1000亿次。

美国加州理工学院的心理学家罗杰·斯佩里于20世纪60年代开展了对裂脑(通过外科手术切断胼胝体,用于治疗癫痫)患者的研究。斯佩里在研究中发现了大量重要证据,证明了两个半脑都有着它们独特的功能。左脑掌管分析、逻辑、顺序、语言、列表、数字能力;右脑掌管想象、空间、感性、音律、色彩能力。斯佩里的这一突破性发现为他赢得了1981年诺贝尔生理学或医学奖。

人脑具有非常强大的学习能力,这也就是通常我们所说的大脑具有可塑性。可塑性就是可以改变的意思。我们常说某个人是可塑之才,就是说他可以被培养,是可以改变的。我们知道,电脑也具备学习和记忆的功能,这是通过修改硬盘的数据实现的。更准确地说,是通过改变硬盘中电子的排列来实现的。

同样的道理,大脑的学习和记忆也是通过改变大脑的结构和功能来实现的。我们知道，神经细胞是不可再生的，所以如果大脑受到损伤，那么这个伤害就会是永久性的，也是不可复原的。

随着年龄的增长，大脑细胞会不断地死亡，但是如果你经常使用大脑的某个区域，那么这个区域脑细胞的死亡速度就会大大降低，从而降低大脑衰老的速度。这也就是我们常说的"用进废退"。

二、大脑是超级CPU

任何行为都需要大量神经细胞的互动，而新记忆的形成需要改变这些神经细胞之间的联系。

人们常将人脑和电脑做类比，把人脑执行的各种功能称为信息加工。从这个意义上讲，人脑似乎是一个容量无限的超级CPU。

电脑的存储器有好几种，按处理信息的速度和存储时间来分，有寄存器、缓存，还有大家熟悉的内存、硬盘等。记忆也有多种分类方式。如果类比于电脑，心理学上根据记忆信息维持时间的长短，可以把记忆分为感觉记忆（瞬时记忆）、短时记忆和长时记忆。感觉记忆又称瞬时记忆，是感觉信息到达感官后，没有被加工的一个直觉印象，维持的时间非常短，只能以秒来计算。

即使你当时没有注意，大脑中仍然会留下一个短暂的印象。比如，你正在专心地看我的书，你妈妈突然走过来和你说话，但你没有注意听她说什么，也没有理会她。这个时候你妈妈大声喊了起来："听到没有？"虽然你之前并没有注意听妈妈的话，但你仍然可能会记住她刚刚说过的内容，于是你赶紧回应："听见了，我这就扫地。"短时记忆就像电脑的内存。和感觉记忆相比，短时记忆拥有更长的时间进程和更为有限的容量。信息经过加工后短暂地存储在短时记忆里面，它是可以慢慢调用的，但是如果你几分钟都不用，信息就有可能被遗忘或更新。

大家都知道，内存对于一个电脑系统来说是非常重要的，它往往是限制电脑运算速度的一个关键部分。不幸的是，人脑的短时记忆和电脑内存的差距还是有点大的。

心理学家的研究发现，人脑能够短暂存储的信息量只有7±2个单元。也就是说，普通人对于言语的短时间记忆，能够容纳的文字数量也就在7个左右，短时记忆能力很强的人最多也就能达到9个。

心理学家往往采用没有任何规律的字母或数字，来测量一个人的工作记忆。看一遍或听他人念一遍后，你能够马上准确回忆出来的字母或数字的数量，就是你的短时记忆容量。

很显然，记忆7位以内的数字并不难。那么如果数字位数大于7，我们应该如何记忆呢？我们是有高效的记忆方法的。例如，可以采用分组块的方法：手机号码一般有11位，没有办法一口气记住，此时我们可能会把它分成3组，每组3~4位，这样我们就只需要记住3个组块而不是11位数字，极大减轻了我们的记忆负担。

第二节 >>> 什么是记忆法

什么是记忆法？记忆法是现代人发明的吗？

远古时代，人们想要生存就要记住周围的环境，要分辨出哪些动物、植物对人们有害，哪些有益。为了把这些经验一代一代地传递下去，部族中会推选专门的人才记住大量信息。据记载，新西兰毛利族的首领卡马塔那能背诵全族长达1000年的，包括45代人的历史。为了解决记忆问题，古人还创造出结绳记事的方法。据说印加人能够用结绳记下非常复杂的长篇史诗。但是人类究竟是从什么时候开始研究记忆力的，现在人们已很难说清楚了。不过，关于记忆力概念的形成，却应该归功于古希腊人。

在记忆问题上提出重要概念的第一人是公元前4世纪的思想家柏拉图。他的理论被称为"蜡板假说"。他认为，人对事物获得印象，就像有棱角的硬物放在蜡版上留下印记一样。人获得了对事物的印象之后，随着时间的推移，该印象将缓慢地淡薄下去，乃至完全消失。这就像蜡板表面逐渐恢复光滑一样。"光滑的蜡版"就相当于完全遗忘。这种学说虽然并不完善准确，但还是影响了许多人。

古罗马人在记忆理论上的研究很少，不过他们使用的"罗马家居法"和"直接联想法"一直传到了今天。这两种方法很实用，现在许多书上讲的快速记忆方法中都有这两种方法的影子，只是改变了叫法或略加改进，但实质内容是一样的。

一直到17世纪，记忆研究几乎没有什么大的进展。17世纪中叶，英国出现了以霍布斯和洛克为代表的联想主义心理学派。霍布斯对记忆现象做了唯物主义的分析；洛克则在欧洲心理学史上第一次提出了重要的记忆现象——联想。此后，"联想"便成为专门的术语。第一个在心理学史上对记忆进行系统实验的是德国著名心理学家艾宾浩斯。他对记忆研究的主要贡献，一是对记忆进行严格数量化的测定，二是对记忆的保持规律进行了重要研究，并绘制出了著名的"艾宾浩斯遗忘曲线"。1885年，艾宾浩斯出版了《论记忆》一书。从此，记忆成为心理学研究的重要领域。第二次世界大战后，特别是20世纪60年代以来，记忆研究越来越受到人们的重视。美、英、日等国家或设立记忆法专科学校，或开办函授教学，开始对人们进行增进记忆力的普及教育。

良好的记忆是成功的基础，记忆力的好与坏直接影响学业、事业的成功。历史上，许多杰出人物都拥有超凡的记忆能力：亚里士多德能一字不落地背诵看过的书籍，马克思能背诵歌德、但丁的作品，古罗马的凯撒大帝能记住每一个士兵的名字及其相貌。

在这个信息爆炸的时代，人们每分每秒都会接收到大量信息，这里面有很多信息是需要我们记忆的。有的人会说，现在万物皆可搜索得到，还需要记忆吗？当然需要了。不然请问你拿什么关键词搜索呢？如果没有基础记忆信息打底，即使搜到一堆信息，也好像小学生看大学课本，每个字都懂，拼在一起是什么意思却不理解。

你是否遭遇过以下情景？迎面走过来一个人，看起来很面熟，但就是想不起他叫什么名字。再就是写作文时提笔忘字，演讲时张口忘词，答题时忘了单词或公式，要么就是刚下楼就不记得自己到底有没有锁门。

为什么记了背、背了记的知识，在答题时还是写不出来？为什么背了无数次的演讲稿，临了还会卡壳？

科学研究表明，正常人类的大脑有着惊人的记忆能力，我们和记忆天才之间的区别只是缺少高效的记忆方法。

1991年，世界大脑先生托尼·博赞和英国首位国际象棋大师、大英帝国勋章获得者雷蒙德·基恩一起，在英国伦敦的雅典娜俱乐部举办了第一届世界记忆锦标赛。当时，一个优秀的选手需要5分钟才能准确记住一副打乱顺序的扑克牌。当多米尼克·奥布莱恩以2分29秒的成绩打破这个纪录后，专家们声称这个纪录几乎达到了人类的极限。2010年，中国选手，也是我的恩师王峰老师，只用24.22秒，就将一副打乱顺序的扑克牌记忆下来，打破了世界纪录。后来，他又在江苏卫视《最强大脑》节目中以19.80秒再次刷新自己的最好成绩。

2000年，爱尔兰神经科学家马圭尔利用核磁共振成像观察16位出租车司机的大脑，并将其与另外50位男性的大脑进行比较。两组人的年龄相仿，但后者没有从事出租车司机的工作。她发现通过空间导航和记忆空间里的物品位置，可以激活海马体（海马体是大脑中涉及记忆发展的区域）。马圭尔发现，出租车司机大脑里的海马体中的一个特定部位明显大于另一组参与者，这个部位在海马体的后部。成为出租车司机的时间越长，海马体的后部也越大。

几年以后，马圭尔又进行了一项研究，对伦敦出租车司机与公共汽车司机进行对比分析，发现出租车司机的海马体后部比公共汽车司机的要大很多。公共汽车司机虽然在伦敦开了几年的车，但他们反反复复也就走一条路，出租车司机所走的路线要复杂得多。检查结果表明，海马体后部尺寸的差异与驾驶汽车本身并没有关系，而是与职业要求的导航技能有特定的关系。

马圭尔观察一组正在申请许可的出租车司机的情况，从他们接受培训直至他们通过测试。总共招募了79名出租车司机，另外招募了31名年龄相仿的男性作为观察对象。她对全部参与者进行大脑扫描，发现他们的海马体的大小没有明显不同。4年以后，79名申请人中有41名获得此许可证，有38名不再接受培训，其他人没有通过测试。接受过出租车培训并获得许可证的那些人，他们的海马体的体积明显要比其他人大一些。而中途不再参加培训或是没通过测试的人，他们海马体的体积没有明显的变化。

也就是说，我们如果经常使用自己的空间记忆能力，那么海马体也可能变得更大。

第三节 >>> 评估记忆能力

一、学前测试题

正式进入记忆学习之前，先让我们做一个小测试。俗话说：知己知彼，方能百战不殆。学习完本书后再做一个对比，你可能会发现你的记忆能力提升了3~10倍，下一个"最强大脑"就是你。

二、注意事项

①请确保你的身体和精神处于良好状态。

②本次测评大约需要15分钟，请确保不受外界打扰。

③自主完成测试任务，请不要记笔记或寻求帮助。

④测试开始后，若因特殊原因中途退出，则需要重新进行测试。

三、测试

测试分为5个部分：中文词汇、数字、英文字母、人名相貌和抽象图形。

1. 记住以下中文词汇，每个词1分，共20分，限时1分钟。

   记忆、白菜、冠军、家乡、故宫、理念、幸运、

   国庆节、出租车、二氧化碳、金子、南极、思念、

   会议、青草、春节、电脑、黑板、服装、大街

2. 记住以下数字，每个数字0.5分，共20分，限时1分钟。

     23897983798346325352

     73627818376467457474

3. 记住以下随机字母，每个数字0.5分，共20分，限时1分钟。

     pijhdgkhfdohghueirhg

     hdiosgfherihgiuerhgi

第一章 记忆的基础理论

4. 记住以下人名和相貌，每个人名2分，共20分，限时1分钟。

泽尾 莫利特　莱克西亚 奥多　亚维伦 藩　达雷尔 帕皮亚　维克多 维森拉尔

耶尔 基里雅库　德利特 盖坦　丹娜 哈亚格瓦　尼科 吉丁岸　玛莉莎 库马尔

（问卷）

── ──　── ──　── ──　── ──　── ──

── ──　── ──　── ──　── ──　── ──

（答卷）

5. 记住以下五行抽象图形的顺序，每行4分，共20分，限时1分钟。

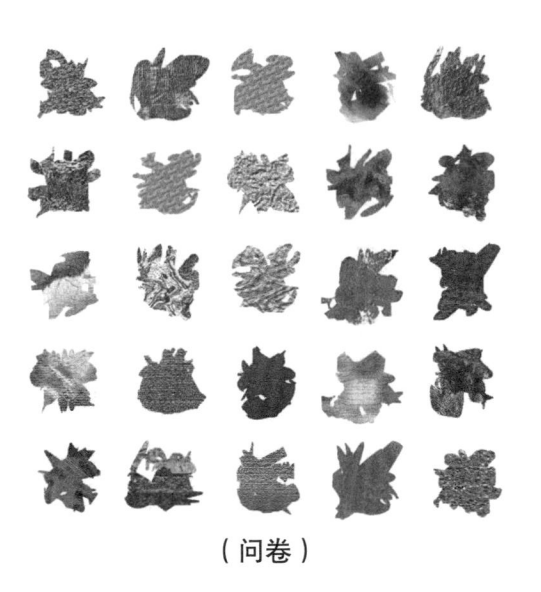

（问卷）

Seq:	Seq:	Seq:	Seq:	Seq:
Seq:	Seq:	Seq:	Seq:	Seq:
Seq:	Seq:	Seq:	Seq:	Seq:
Seq:	Seq:	Seq:	Seq:	Seq:
Seq:	Seq:	Seq:	Seq:	Seq:

（答卷）

答题完毕后核算总分，如果没有及格也不要灰心，等阅读完本书，再来看看你能得多少分，会有大惊喜哦！

想要更多"世界记忆锦标赛"真题的小伙伴可加我QQ（912844558）（微信同号）索取。

第二章

零基础入门篇

- ★ 第一节 把抽象的信息转换成形象的信息
- ★ 第二节 人物定位法
- ★ 第三节 数字编码定位法
- ★ 第四节 配对联想法
- ★ 第五节 身体定位法
- ★ 第六节 绘图法
- ★ 第七节 记忆宫殿法
- ★ 第八节 打造黄金记忆宫殿
- ★ 第九节 口诀法
- ★ 第十节 故事法
- ★ 第十一节 思维导图法
- ★ 第十二节 音乐法

第一节 >>> 把抽象的信息转换成形象的信息

大脑喜欢记忆形象的事物。但在日常的学习和工作中，大部分需要记忆的内容是抽象的，如英语单词、数学公式、历史意义和法律条文等。为了挖掘记忆力潜能，提升记忆效率，将枯燥难懂的抽象信息转换成形象的信息是十分关键的。

那么，什么是形象的词，什么又是抽象的词呢？

简单地说，**形象的词**是一看到，脑中就会浮现对应图像的词。例如：

面包、铅笔、裙子、松鼠、妈妈、足球、

猴子、拐棍、乌云、闪电、小男孩、电视

我们只需要使用简单的串联方法，想象物体之间一个接一个地发生联系，就能轻松把上述形象词都记住。

就像这幅图片所示：面包中间有一支铅笔，铅笔下面挂着一条裙子，裙子下面有一只松鼠。松鼠被妈妈捧在手心，妈妈头上顶着一个足球，足

球上坐着一只猴子。猴子拿着拐棍，拐棍钩住一片乌云。乌云里面的闪电劈中了小男孩，小男孩踢翻了电视。

你记下来了吗？

而**抽象的词**是一些概念性的词，它们不对应特定的事物。例如：

高兴、金融、信用、雪白、树立

抽象的词不好记忆，因此我们要把它们转换为形象的画面。具体的方法有五种：替换、谐音、增减字、倒字和望文生义。怎么记忆这五种方法呢？只需要从每个词中抽取一个关键字，谐音转化后，串联成一个小口诀就好了。我的口诀是，提鞋赠刀王。意思是，提着一双鞋子赠给腰间佩戴着宝刀的大王。接下来，我们来实践一下这五种方法。

替换："高兴"可以用笑脸来代替。

谐音："金融"可以谐音成"金龙"。

增减字："信用"增加一个"卡"字，就变成了"信用卡"。

倒字："雪白"倒字后就成为"白雪"。

望文生义："树立"可以望文生义为"一棵树站立在那里"。

练一练

请用本节学到的方法，将下列抽象词转换为形象词。

传呼、泰国、四通八达、一定、危机、市场

第二节 >>> 人物定位法

一、何谓人物定位法

人物定位法就是找到一系列人物，固定好顺序后，先行记忆下来，然后利用这些人物,对信息进行挂钩串联记忆。

二、人物定桩法的应用

记忆中国十大古典名著

《水浒传》《三国演义》《西游记》《封神演义》《儒林外史》

《红楼梦》《镜花缘》《儿女英雄传》《老残游记》《孽海花》

记忆思路:

第一步:根据需要记忆的信息,找10个对应的人物桩,分别是爷爷、奶奶、爸爸、妈妈、五阿哥、小燕子、七仙女、猪八戒、九妹和自己。

第二步:根据1~10的顺序进行配对联想。

序号	人物桩	记忆内容	配对联想
1	爷爷	《水浒传》	将"水浒"谐音转换成"水壶",联想爷爷经常用水壶浇花
2	奶奶	《三国演义》	由《三国演义》可以联想到诸葛亮,进而联想到他拿的扇子。我们可以这样想,奶奶拥有一把和诸葛亮一样的鹅毛扇
3	爸爸	《西游记》	由《西游记》联想到孙悟空,再联想到金箍棒,想象爸爸在耍金箍棒
4	妈妈	《封神演义》	由《封神演义》提取关键词"封神",联想妈妈被封为女神
5	五阿哥	《儒林外史》	利用谐音和增字的方式,"儒林外史"可以转换为侏儒、林子和石头。我们可以这样想,五阿哥是侏儒,在林子里不小心被石头绊倒了
6	小燕子	《红楼梦》	可以通过"望文生义"的方式对"红楼梦"进行转换,变成红色的楼房。我们可以这样想,小燕子轻功了得,一下子飞到了红色的楼房上
7	七仙女	《镜花缘》	"镜花缘"可以转换为镶满花卉的镜子。我们可以这样想,七仙女在镶满花卉的镜子里寻觅自己的姻缘

续表

序号	人物桩	记忆内容	配对联想
8	猪八戒	《儿女英雄传》	从书名中提取关键词"儿女"和"英雄"。我们可以这样想,猪八戒的儿女都是英雄
9	九妹	《老残游记》	《老残游记》通过谐音的方式转换成脑残,再结合第九个人物九妹,我们可以这样想,九妹是个脑残
10	自己	《孽海花》	"孽海花"可以谐音成"捏海花"。联想自己在捏一朵海棠花

人物定位法适合记忆零散的信息。使用人物定位法,不仅可以正背这些信息,还可以做到倒背,甚至是点背。这是因为人物桩是根据一定顺序设置的,所以回忆起来是有迹可循的。

练一练

1. 用本节所讲的人物定位法记忆超市采购清单。

牙膏、酱油、卫生纸、杯子、盐、

洗洁精、抹布、筷子、苹果、钢笔

2. 用本节所讲的人物定位法记忆冰心代表作。

《繁星》《超人》《小桔灯》《往事》《小说集》《春水》
《寄小读者》《再寄小读者》《三寄小读者》《冬儿姑娘》《樱花赞》

第三节 >>> 数字编码定位法

一、何谓数字编码定位法

数字编码定位法就是将数字与要记的内容进行挂钩串联,然后通过数字提示，进而回忆起刚刚记忆下来的内容的方法。数字本身就是非常抽象的信息，所以要想让数字成为回忆的线索，先得将数字转化成形象的信息。形象信息比抽象信息更容易记忆。

二、数字编码

最为常见的数字编码转换方法有三种：

①谐音法。比如，14读成钥匙。

②象形法。比如，10就像一根棒子加一个球，组合起来就是棒球。

③节日法。比如，由38联想到3月8日国际妇女节。

数字编码表

00望远镜	20自行车	40司令	60榴梿	80巴黎铁塔
01蜡烛	21鳄鱼	41蜥蜴	61儿童	81白蚁
02鹅	22双胞胎	42柿儿	62牛儿	82靶儿
03耳朵	23和尚	43石山	63硫酸	83花生
04帆船	24闹钟	44蛇	64螺丝	84巴士
05秤钩	25二胡	45师父	65礼物	85宝物
06勺子	26河流	46饲料	66蝌蚪	86八路
07镰刀	27耳机	47司机	67油漆	87白棋
08眼镜	28恶霸	48石板	68喇叭	88爸爸
09口哨	29饿囚	49湿狗	69漏斗	89芭蕉
10棒球	30三轮车	50奥运会	70冰激凌	90酒瓶
11梯子	31鲨鱼	51劳动节	71鸡翼	91球衣
12椅儿	32扇儿	52鼓儿	72企鹅	92球儿
13医生	33星星	53乌纱帽	73花旗参	93旧伞
14钥匙	34三丝	54武士	74骑士	94首饰
15鹦鹉	35山虎	55火车	75西服	95酒壶
16石榴	36山鹿	56蜗牛	76汽油	96旧炉
17仪器	37山鸡	57武器	77机器人	97手机
18腰包	38妇女	58尾巴	78青蛙	98球拍
19衣钩	39三九感冒灵	59蜈蚣	79气球	99舅舅

三、用数字编码定位法记忆《长恨歌》

长恨歌（节选）

[唐]白居易

汉皇重色思倾国，御宇多年求不得。

杨家有女初长成，养在深闺人未识。

天生丽质难自弃，一朝选在君王侧。

回眸一笑百媚生，六宫粉黛无颜色。

《长恨歌》全篇60句，共840字。按照一个数字编码记忆一句的形式，共需要60个编码。为免叙述烦琐，本书仅节选前4句进行记忆方法的说明。想要获取《长恨歌》完整版记忆方法，可联系我。

译文：唐玄宗偏好美色，统治天下多年一直在寻找倾国倾城的美女，却一无所获。杨家有个女儿刚刚长大，养在深闺之中，别人都未曾见识过她的美貌。天生的美丽，自己想舍弃也很困难。没多久，她便被选中，成为唐玄宗身边的一个妃子。她回眸一笑，千娇百媚；后宫妃嫔，一个个都黯然失色。

数字编码	记忆内容	关键词	记忆思路
01蜡烛	汉皇重色思倾国，御宇多年求不得	汉皇、思倾国	汉皇偏好美色，点着蜡烛到处寻觅美女，但是这么多年一无所获
02鹅	杨家有女初长成，养在深闺人未识	杨家、有女、人未识	一只鹅站在杨府上嘎嘎叫，它说：杨家有一个漂亮的女孩子长大了
03耳朵	天生丽质难自弃，一朝选在君王侧	天生丽质、君王侧	听说杨玉环长得非常漂亮，一下子就被选到唐玄宗身边去了
04帆船	回眸一笑百媚生，六宫粉黛无颜色	回眸一笑、六宫粉黛	杨贵妃站在帆船上回眸一笑，千娇百媚，六个宫殿的妃子瞬间变成了"如花"

在使用记忆法的时候，关键的一点是大脑中要有画面感。因此，我们可以使用绘画、找图片的方式，将记忆思路变得具体而形象。例如，《长恨歌》的前三句可以转换为如下图片。

汉皇重色思倾国，御宇多年求不得。

杨家有女初长成，养在深闺人未识。

天生丽质难自弃，一朝选在君王侧。

四、用数字编码定位法速记十二生肖

十二生肖是十二地支的形象化代表，即子鼠、丑牛、寅虎、卯兔、辰龙、巳蛇、午马、未羊、申猴、酉鸡、戌狗、亥猪。随着历史的发展，十二生肖逐渐与相生相克的民间信仰观念相融合。每一种生肖都有丰富的传说，并以此形成一种观念阐释系统，成为民间文化中的形象哲学，如婚配上的属相、庙会祈祷、本命年等。现代，更多人把生肖作为春节的吉祥物，十二生肖因此成为娱乐文化活动的象征。

下面，我们用数字编码定位法来巧记十二生肖的顺序。

数字编码	十二生肖	转换信息	记忆思路
01蜡烛	子鼠	—	老鼠将蜡烛交给了它的儿子
02鹅	丑牛	—	丑牛正在追赶鹅
03耳朵	寅虎	"寅"谐音成"银"	大耳朵银色大老虎
04帆船	卯兔	"卯"谐音成"帽"	戴帽子的兔子
05鱼钩	辰龙	"辰"谐音成"晨",早晨	龙在早晨去钓鱼
06勺子	巳蛇	"巳"谐音成"四"	蛇去商店买了四只勺子
07镰刀	午马	由"午"联想到中午	中午的时候,马拿着镰刀到地里去干活
08眼镜	未羊	"未"谐音成"喂"	太阳太大,戴着墨镜给羊喂水
09口哨	申猴	由"申"联想到伸手	猴子伸手抢走我手里的口哨
10棒球	酉鸡	"酉"谐音成"柚",柚子	公鸡拿柚子当棒球打
11梯子	戌狗	"戌"谐音成"虚",虚弱	小狗太虚弱了,不小心碰翻了旁边的梯子
12椅儿	亥猪	"亥"谐音成"害",伤害	谁把椅儿弄坏了,害猪摔倒了

五、用数字编码定位法速记百家姓

《百家姓》是一本传统蒙学读物,其中收集了504个姓氏。这里节选一部分姓氏作为案例。

数字编码	姓氏	转换信息	记忆思路
01蜡烛	赵	"赵"谐音成"照"	蜡烛可以照明
02鹅	钱	"钱"可以用钞票代替	鹅嘴里叼着钞票
03耳朵	孙	由"孙"联想到孙悟空	孙悟空的耳朵特别大
04帆船	李	"李"谐音成"梨"	帆船上堆满了梨子
05秤钩	周	"周"谐音成"粥"	用秤钩钩起一碗沉甸甸的粥
06勺子	吴	"吴"谐音成"蜈",蜈蚣	蜈蚣用勺子喝汤

续表

数字编码	姓氏	转换信息	记忆思路
07镰刀	郑	"郑"谐音成"真"	这是一把真金打造的镰刀
08眼镜	王	由"王"联想到山里的王——老虎	老虎老了戴上老花镜

第四节 >>> 配对联想法

一、何谓配对联想法

将要记忆的信息转换成具体形象的图片进行串联记忆的方法，就是配对联想法。此方法常被运用于记忆各学科的填空题和单选题，如速记国家与首都。

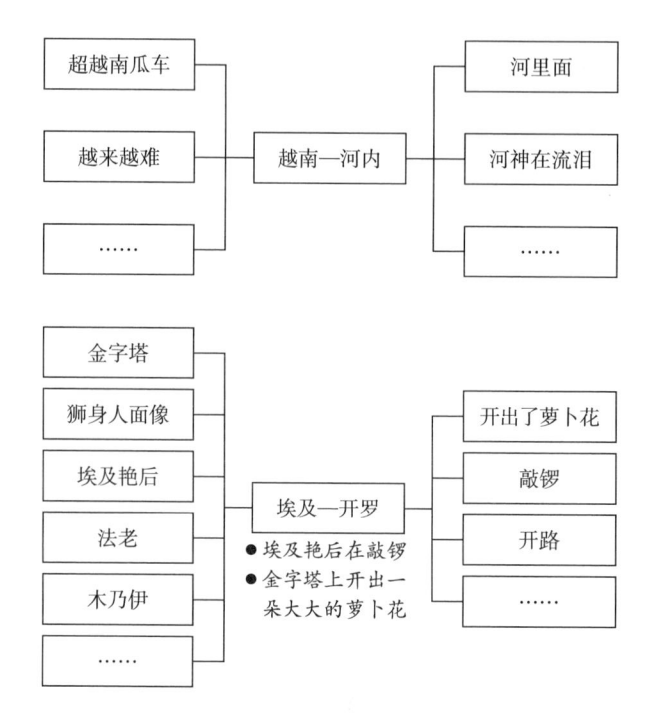

```
超越南瓜车 ┐
越来越难  ├─ 越南—河内 ─┬ 河里面
……     ┘            ├ 河神在流泪
                     └ ……
```

```
金字塔    ┐
狮身人面像 │
埃及艳后  ├─ 埃及—开罗 ─┬ 开出了萝卜花
法老     │  ● 埃及艳后在敲锣   ├ 敲锣
木乃伊   │  ● 金字塔上开出一   ├ 开路
……     ┘    朵大大的萝卜花   └ ……
```

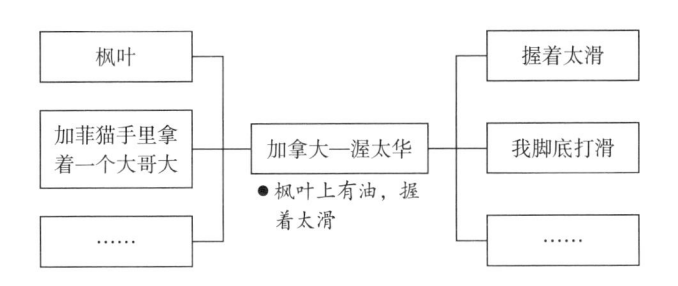

```
枫叶 ──┐                    ┌── 握着太滑
        │                    │
加菲猫手里拿 ── 加拿大—渥太华 ── 我脚底打滑
着一个大哥大     ●枫叶上有油，握
                着太滑
   ……                          ……
```

二、用配对联想法记忆国家与首都

运用配对联想法记忆的前提是学会抽象转形象的方法。在学中做，在做中学，下面我们就来看看如何将抽象的国家和首都名称转换为形象的事物。

三、注意事项

①配对的两个信息的顺序可以颠倒，如在串联的时候先编首都再和国家联系也是可以的。

②凭直觉出图，第一个出现在脑海里的往往就是最佳答案。

③平时可以用记国家与首都的方式进行思维发散训练，尽量思考出更多答案。来一次头脑风暴吧！

④天马行空地想象，不要拘泥于现实生活中的条条框框。

⑤在做记忆训练前，复习"抽转形"的五大法则。

⑥多和学习记忆法的伙伴沟通交流，发现其他人的独特视角。

练一练

请用本节学到的配对联想法记忆国家及其首都。

柬埔寨—金边	孟加拉国—达卡	韩国—首尔	马来西亚—吉隆坡
伊拉克—巴格达	缅甸—内比都	菲律宾—大马尼拉市	芬兰—赫尔辛基

续表

瑞典—斯德哥尔摩	挪威—奥斯陆	冰岛—雷克雅未克	丹麦—哥本哈根
爱沙尼亚—塔林	拉脱维亚—里加	立陶宛—维尔纽斯	白俄罗斯—明斯克
俄罗斯—莫斯科	乌克兰—基辅	摩尔多瓦—基希讷乌	波兰—华沙
捷克—布拉格	斯洛伐克—布拉迪斯拉发	匈牙利—布达佩斯	德国—柏林
奥地利—维也纳	瑞士—伯尔尼	列支敦士登—瓦杜兹	英国—伦敦
爱尔兰—都柏林	荷兰—阿姆斯特丹	比利时—布鲁塞尔	卢森堡—卢森堡市
法国—巴黎	罗马尼亚—布加勒斯特	保加利亚—索非亚	塞尔维亚—贝尔格莱德
黑山—波德戈里察	北马其顿—斯科普里	阿尔巴尼亚—地拉那	希腊—雅典
斯洛文尼亚—卢布尔雅那	克罗地亚—萨格勒布	波斯尼亚和黑塞哥维那—萨拉热窝	意大利—罗马
梵蒂冈—梵蒂冈城	圣马力诺—圣马力诺市	马耳他—瓦莱塔	西班牙—马德里
葡萄牙—里斯本	安道尔—安道尔城	澳大利亚—堪培拉	新西兰—惠灵顿

第五节 >>> 身体定位法

一、何谓身体定位法

身体定位法就是按照顺序从人的身体上找到一些部位，再将身体部位与需要记忆的信息进行串联。

二、记忆步骤

第一步：按照顺序在身体上找部位。

第二步：将需要记忆的信息转换成具体形象的图片。

第三步：将身体部位与需要记忆的图片进行串联记忆。

第四步：检查记忆效果。

三、用身体定位法记忆文学常识范例

现在我们就拿莫言及其代表作为范例。

从上至下找到十个身体部位。为什么找十个呢？因为要记忆的作品是十个。

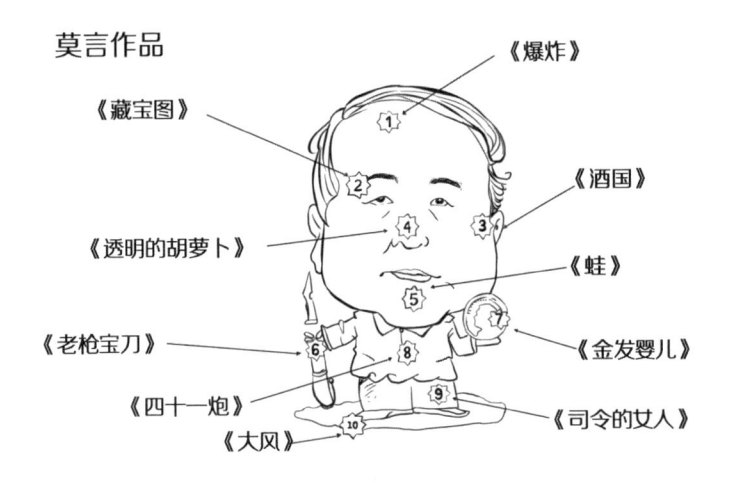

莫言作品

《藏宝图》
《爆炸》
《透明的胡萝卜》
《酒国》
《蛙》
《老枪宝刀》
《金发婴儿》
《四十一炮》
《司令的女人》
《大风》

第1个额头，第2个眼睛，第3个耳朵，第4个鼻子，第5个嘴巴，

第6个钢笔，第7个奖牌，第8个肚子，第9个大腿，第10个脚。

接着将每一个代表作和他的身体部位串联就可以了。比如第一个额头和爆炸，你可以想象他额头上爆了一颗青春痘。

第二个眼睛和藏宝图，美瞳上刻着藏宝图。

第三个耳朵和酒国，耳朵里居然倒出了酒。

第四个鼻子和透明的红萝卜，感冒了鼻子红彤彤像红萝卜。

第五个嘴巴和蛙，嘴里正在嚼牛蛙。

第六个钢笔和老枪宝刀，手里的钢笔像一把老枪和宝刀的结合体。

第七个奖牌与金发婴儿，奖牌上刻着金黄头发的婴儿画像。

第八个肚子和四十一炮，四十一可以谐音成蜥蜴，蜥蜴在肚子上开炮。

第九个大腿和司令的女人，司令的女人在按大腿。

第十个脚和大风，脚下生风跑开了。

练一练

请用身体定位法记忆二十四节气和十二星座。

第六节 >>> 绘图法

一、何谓绘图法

将需要记忆的资料转换成图片并加以记忆的方法被称为绘图法。都说一图胜千言，可见图片的魅力之大。我们要充分发挥右脑记忆的潜能，就要想方设法将要记忆的内容转换成图片，这样，所需要记忆的信息在大脑里存储的时间就会更加长久，提取速度也会更快。

二、记忆步骤

第一步：找出关键词。

第二步：出图。

第三步：绘图。

第四步：记忆。

第五步：复习。

三、用绘图法记忆古诗词范例

现在以唐代张籍的《秋思》为例,跟大家分享如何用绘图法速记诗词。先来一起了解一下这首诗。

秋　　思

[唐]张籍

洛阳城里见秋风,欲作家书意万重。

复恐匆匆说不尽,行人临发又开封。

译文:客居洛阳城中,秋风惹人相思。想写一封家信,只是思绪万端,匆匆忙忙之间,如何写尽情感?信差刚要上路,却又被我叫住。打开信封,细看是否还有遗漏。

下面是根据这首诗画出的图。

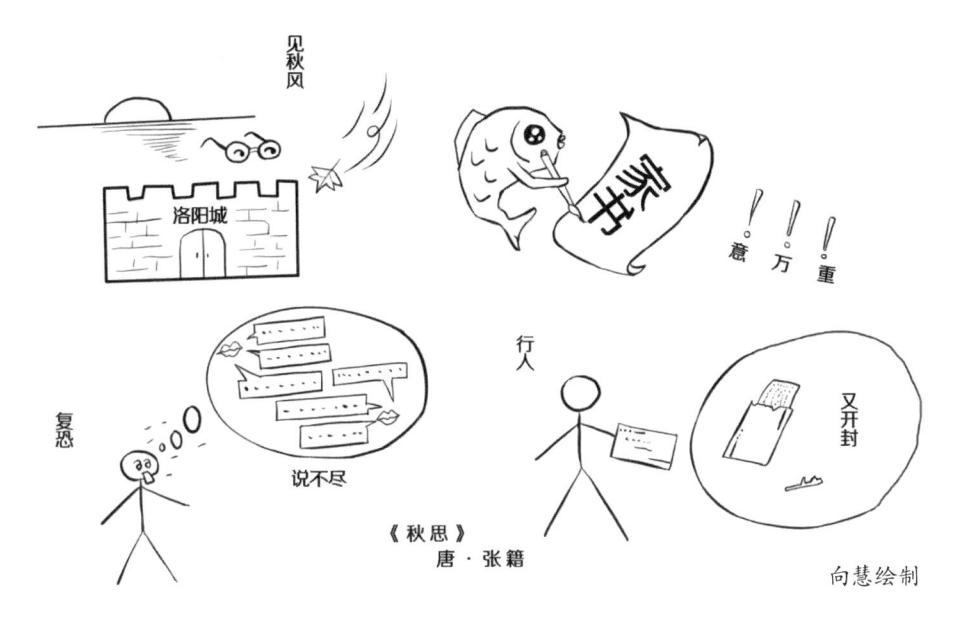

左上方是一座写着"洛阳城"三个字的城,对应关键词"洛阳城";城里有一双戴着眼镜的眼睛,代表"见";见到的对象是"秋风",用风吹枫叶表示。右上方,一只鱼在写家书。这里使用了谐音的方法,"欲作"谐音成"鱼作"。"意万重"用三个感叹号来强调。左下角，一个火柴人很惊恐，表示"复恐"；层层叠叠的对话框表示"说不尽"。右下角，一个行人又打开了信封，表示"又开封"。

请你试试看，遮住解释部分，看着图片回忆整首诗。有卡顿也没有关系，回到原诗复习一下即可。最后，尝试不看图直接背诗。背下来了吗？你太棒了！

这幅诗词巧记图只是起到一个"抛砖引玉"的作用，千万不要以此为标准答案。记忆法没有标准答案，只有最适合自己的记忆方式。记住，不管黑猫白猫，捉住老鼠就是好猫。无论你画得再难看，联想得再怪异，只要记得住，就是特别棒的"诗词巧记图"。画完后，如果不能只看图就将原文回忆出来，可以在巧记图上添加信息点，再复习一下，直至达到一字不落的效果。

好了，你学会了吗？

练一练

尝试用绘图法记忆以下两首诗词。

次北固山下

[唐] 王湾

客路青山外，行舟绿水前。

潮平两岸阔，风正一帆悬。

海日生残夜，江春入旧年。

乡书何处达？归雁洛阳边。

念奴娇·赤壁怀古

[宋] 苏轼

大江东去，浪淘尽，千古风流人物。故垒西边，人道是，三国周郎赤壁。乱石穿空，惊涛拍岸，卷起千堆雪。江山如画，一时多少豪杰。

遥想公瑾当年，小乔初嫁了，雄姿英发。羽扇纶巾，谈笑间，樯橹灰飞烟灭。故国神游，多情应笑我，早生华发。人生如梦，一尊还酹江月。

第七节 >>> 记忆宫殿法

一、何谓记忆宫殿法

记忆宫殿法起源于古罗马，也称为"古罗马室法"。古罗马时，元老院的长老们常需演讲与辩论，那时没有笔和纸张，为了记忆长篇的演讲，他们想出了一种方法。他们记下家里摆件的顺序，再将要记忆的信息跟物品挂钩，这样回忆时就有迹可循了。

关于记忆宫殿法的由来，还有一个富有神话色彩的故事。相传公元前477年，希腊城邦中举行了一场盛宴。诗人西摩尼德斯受邀在宴会上作一首诗称赞宴会的组织者。因为西摩尼德斯遵循传统，在诗中加入了几行歌颂狄俄斯库里兄弟的诗句。所以，宴会主人认为西摩尼德斯不能获得全部的报酬，剩余的报酬应该向这两个神去索要。

此时，侍者来禀报，门外有两个人在等待西摩尼德斯。于是，西摩尼德斯离开了宴会厅。不料，宴会厅突然倒塌，厅中宾客无一幸免，全部面目全非，就连闻讯赶来的亲人也无法辨认。原来，那两个将西摩尼德斯引出宴会厅的人正是狄俄斯库里兄弟。最后，西摩尼德斯通过回忆当时谁坐在什么位置，忆起了所有宾客的身份。

二、寻找记忆宫殿的七大法则

熟悉：从生活中的熟悉环境开始寻找，比如现在居住的房子。熟悉的场景，记忆起来毫不费力，容易上手，从而获得成就感，建立自信心。

有序：按照顺时针或逆时针的顺序寻找物品，这样才能有迹可循，不会混乱。

有特征：寻找的物品一定要彼此有别，切忌在同一个房间中找相似或是相同的物品。如此，回忆时才不会混乱。

大小适中：寻找到的物品一定要大小适中，太大浪费脑中成图的时间，太小没有存在感，很容易遗漏。

曲线：寻找记忆宫殿时切忌在一条直线上找三个及三个以上的物品，所以找的时候要注意路线。要注意寻找记忆宫殿的路线不要太复杂，不然记忆"记忆宫殿"本身就会成为一种负担。

固定："记忆宫殿"一定要固定，不要选择经常移动位置的物品，如动物等，它们不利于记忆。

创造：记忆宫殿法是绝大部分"世界记忆大师"和"最强大脑"选手采用的方法。在专业竞技领域，选手一般会以三十个地点为一组来创建记忆宫殿。在寻找物品的过程中，可能会因为环境的限制，只能找到二十几个物品。碰到这种情况就要凭空创造地点了。比如，在两个距离较远的物品中间人为创造一个地点，加一个书包或一台笔记本电脑。

三、用记忆宫殿法记忆三十六计

三十六计

瞒天过海、围魏救赵、借刀杀人、以逸待劳、趁火打劫、声东击西、无中生有、暗度陈仓、隔岸观火、笑里藏刀、李代桃僵、顺手牵羊、打草惊蛇、借尸还魂、调虎离山、欲擒故纵、抛砖引玉、擒贼擒王、釜底抽薪、浑水摸鱼、金蝉脱壳、关门捉贼、远交近攻、假道伐虢、偷梁换柱、指桑骂槐、假痴不癫、上屋抽梯、树上开花、反客为主、

美人计、空城计、反间计、苦肉计、连环计、走为上计

如何用记忆宫殿的方法速记三十六计呢?

首先找到记忆三十六计要用到的记忆宫殿。请看下图:

我们可以依照顺时针的顺序,从左下角开始找5个地点放5个计策作为案例。

顺序	地点	记忆内容	记忆思路
1	抱枕	瞒天过海	士兵打着伞,瞒着天,偷偷渡过了大海
2	望远镜	围魏救赵	通过望远镜看到,他围住魏国救下了赵国
3	兔子	借刀杀人	兔子借一把刀杀了人
4	台灯	以逸待劳	台灯下,有人享受着安逸,不劳动
5	椅子	趁火打劫	有人趁火打劫抢走了椅子

记住哦!一定要展开想象力,千万不要给自己设限。把地点当成"舞台",上面可以出现任何不可思议的故事。大脑喜欢动态的信息,眼睛也会不自觉地去捕捉动态的画面,所以,如果想象你的地点上正在上演动画片,是不是很有趣呢?记下来了吗?

练一练

请用本节所讲的记忆宫殿法记忆三十六计的第六计至第三十六计。

第八节 >>> 打造黄金记忆宫殿

一、地点的寻找策略

1. 去哪里寻找地点

万事万物都可以成为记忆宫殿,但是黄金记忆宫殿一般是实体的记忆宫殿,即现实中存在的环境。比如,自己家、学校、公司、公园等。

2. 独特性

我们可以多选择一些比较有特点的地点。比如,从空间构造和质地两方面入手。有些记忆宫殿的空间构造很有特点,如山洞、水池等,编码放在上面就显得很特殊。其次是质地,如雪地会给人一种踩上去嘎吱作响、冷冰冰的感觉。

3. 安排好记忆宫殿中的路线

记忆宫殿的路线不要太复杂，否则记忆路线本身就会成为一种负担。最好的路线应该是拍完之后就可以很轻松地记下来的。如果一个空间非常复杂，那么记忆这个空间本身就会很困难，且要花费更多时间熟悉，这样的记忆宫殿不如舍弃。

地点不要都在一条直线上，一条直线型的路线上不要超过三个点。有的建筑空间结构比较简单，物品重复率高，如超市，这样的空间就不适合打造记忆宫殿。

在某个特定的记忆宫殿中，应该按照顺时针或逆时针的顺序来寻找地点。初学者最好固定在不同的记忆宫殿中寻找物品的路线顺序，都按顺时针或都按逆时针。水平提高后，可以不拘泥于顺时针或逆时针的顺序，只要是按照一定的方向即可。

4. 地点之间的间隔

两个地点之间的距离最好是1.5~2米。

5. 把记忆宫殿分成小区块

打造记忆宫殿的过程中，有时我们会遇到一些地点不好用，记忆的时候总是遗忘的问题。如果我们把记忆宫殿分成小区块，在每个小区块中分别寻找5~10个地点，那么在出现地点不好用的问题时，我们可以更换这个地点所属区块中的地点。这样，我们只改变该区块中地点的顺序，而不会改变整体记忆宫殿中地点的顺序，也不会导致地点变化太多后产生混乱。

把记忆宫殿分成小区块的另一个好处是降低了初学者记忆地点的难度。初学者能够对第十、第二十等整数地点非常熟悉。但随着水平提高，对地点的依赖度会降低，分区块的作用就会降低。比如，厨房找5个，卧室找5个……

6. 用拍照或摄影的方式记录地点

拍照的目的在于复习记忆宫殿。因为长时间不复习，脑海中的记忆宫殿会变得模糊，而重看后可以增加记忆的清晰度。录视频的目的在于复习地点之间的相对空间位置，这对于初学者很重要。高手对地点的空间感往往很好，能够很快记住相对空间位置，因此可以不录制视频。

拍摄角度： 选取不同的角度拍摄同一个记忆宫殿。有些地点应该竖着拍，有些地点应该横着拍，取决于地点的构造。一般以俯视45度的角度进行拍摄。拍摄地点的时候就要考虑清楚怎么使用。如果在拍摄的时候一时半会儿想不出来，可以多拍几个角度，等实际使用时再做取舍。

拍摄距离： 照相机或摄像机与地点大概相距1.5米。

拍摄时间： 照片可以永远定格地点的样貌，在复习时看某个地点总是清晰的。而摄像机的视角是在不断变化的，为了便于复习，在每个地点上应至少停留1秒。有的地点在拍的时候角度没有控制好，这时候就可以从视频中截图，免去重拍的麻烦。有的同学问可不可以拍一张全景的照片，将所有新找的地点都拍进去，这是可以的。

拍摄数量： 一个记忆宫殿中应寻找三十个地点，但我们一般会寻找约32个，多储备一些作为后备，以防止在实际使用中地点不顺手。一定要做这个工作，即使现在用不到备用地点，也说不定哪天就用上了。如果刚好只找三十个地点，在想要替换某一个地点时，就会巧妇难为无米之炊。当完全确认这组记忆宫殿后，应固定下来三十个地点，不要再修改。

7. 人为创造地点

我们在找地点时，有时候前后两个地点的角度拐得很大，视角有些别扭，这时候就可以在拐角处创造一个地点。比如，把我们的书包或笔记本电脑放在这个拐角处，这样就形成另一个地点，减少了转换角度带来的不适感。

8. 局部重排

某些地点在第一次拍时会拍得较差，我们会选择重拍，但是没有必要重拍所有的地点，只要重拍拍得不好的那几个地点就好了。空间训练一般是没有问题的，有些选手重拍地点后反而还要再次熟悉这组地点，这其实是低效率的做法。

二、地点的整理策略

找完地点之后，将图片与视频都导入电脑里。有条件的可以在U盘或云端备份，避免丢失。如果手机存储空间很大，可以只将视频导入电脑。要按顺序重命名地点，这样看起来比较整齐，能快速找到第十、第二十等整数地点。

三、地点的熟悉策略

1. 及时复习

找到地点后，不要等着回家了再整理、记忆，就在找完的当下开始整理并记忆，这样效果非常好，不然等到回了家再处理，效果会大打折扣。所以找完就赶紧整理，用手机APP或者扑克进行记忆，这么做，还可以检测找到的地点到底好不好用。

2. 破坏地点法

对于新手来说，这种方法是比较有效的。当找完一组地点后，挑出你的编码中杀伤力最大的几个去狠命破坏地点，如斧头、坦克、箭、火车、火和铁锤。以这十个地点为例：鞋柜、门、床、衣柜、书桌、书架、窗台、洗手池、晾衣杆、鞋子。斧头把鞋柜斜劈成两半，鞋柜上的鞋子全部都掉了下来。坦克把门炸了一个大窟窿。万箭齐发，全部射到了床上。火车径直撞到衣柜里。一把火把书桌给烧着了。铁锤把书架给锤碎了。斧头把窗台给劈成了两半。坦克一炮把洗手池中的水溅得飞起。万箭齐发，全部射到晾衣杆上。火车把鞋子撞飞了。这种对地点产生极大破坏的方法可以让我们对地点的顺序有非常深刻的印象，在记忆时不容易出现漏桩的情况。当晚整理好当天找的地点，并通过破坏地点法刷过一遍之后，第二天就可以直接用来训练基本功。

3. 带桩连接法

脱离新手水平但水平又不高的选手，可以直接用新找的地点连接信息进行记忆。带桩连接完几组之后，会迅速熟悉地点顺序。

4. 直接记忆法

5分钟"快速数字"项目到达300位的中高水平选手，在找完地点之后，可以在大脑中回忆几次地点，然后直接记忆。

四、地点的使用和感受策略

1. 选择能体现地点特点的部位进行连接

比如，一张桌子可能看上去没有什么特点，那么如何和它联系得更加紧密呢？这个时候我们就可以选择边缘进行连接。边缘的空间感会比桌面本身更强，编码放在上面有种要掉下来的感觉。可以说，边缘就是桌子这个编码本身的特点。但是也并不见得一有桌子这个地点就作用在边缘，这样的地点多了也可能出现混淆，所以这种技巧可以作为优化手段，而不是每次都用。

2. 固定作用部位

频繁更换作用部位是新手很可能会犯的问题。依然以一张桌子为例，既然选择了边缘作为编码放置点，下次就不要选择桌面作为作用点，否则我们就不知道应该从哪里搜索记忆内容。

3. 感受地点

听起来深奥，但其实感受地点就是感受材质。关注地点的材质实际上为回忆地点上有哪些编码提供了线索。比如，地点是地面而记忆内容是松鼠，那么当松鼠被放在地面上时冰凉的感觉就可以辅助记忆。但是我们如果花很多时间感受地点材质的话，意义也不是很大，因为感受的产生是自然而然的。对于经常错的地点，平常多把编码放上去感受触觉即可。

4. 偶尔可以让地点使用特效

比如，当你在拍某处地点时，光正好照射在这个地点上，那你就可以让你的编码出现在地点上时身上披着阳光。这种方式可以让编码和地点连接得更紧密，从而降低地点无图像的概率。

5. 优化地点的用法

有些地点可能经常出错，这个时候暂时不急着换掉，可以用一些特殊的处理方式优化地点。比如，如果洗手池经常空桩（地点上什么都想不起来称为空桩），可以让水池里装满水，这样不管什么编码放在里面都有种被浸泡的感觉，这样就几乎不会空桩了。类似这样优化地点用法的方法还有很多，可以在不断的训练中通过自己摸索或者和别人讨论去积累。

五、地点的训练策略

1. 当天找的地点当天刷

如果找了地点之后隔天刷，会影响对地点的记忆。人的记忆毕竟是会消退的，特别是刚找的地点好几天没有刷的话，日后就要花更多的力气才能把它熟悉下来。

2. 一天一般不要找超过10组

一天找6组刚好。因为如果找更多地点的话，熟悉这些地点难度会很大，可能要两天才可以刷完，那么接下来的两天可能都花在刷地点上了，会影响我们正常的训练。

3. 用马拉松扑克项目来熟悉地点

刚找的地点熟悉几天后可以用来测15分钟数字，这样地点熟悉起来非常快，而且可以培养对地点的感觉。

六、地点的分配策略

1. 只记一遍的项目对地点要求高

听记数字只能听一遍，因此对于地点固定编码的能力要求更高。在此类项目中，高手应该做好地点的分配，最好使用黄金地点。黄金地点应该是从所有的地点中选出来的，而不是感觉某组地点不错就把它设置为黄金地点。

2. 地点不要混着用

词语项目应该有专属的词语地点，数字项目应该有专门的数字地点，抽象图形项目也一样。虽然说有的选手第一天的马拉松数字地点可以第二天接着用来记忆马拉松扑克，但是这侧面体现出此选手的记忆持久性很差，虽然可以取得不错的成绩，但是其上限较低，至少在数字这类项目上如此。也许有的选手用这种方法已经取得了较好的成绩，但是他们本可以更好。

七、如何看待地点

1. 注重质量和速度

高手和一般选手的区别在于连接的质量和速度，而不是地点。

2. 地点拍摄要重视，但不必过于重视

如果对地点非常挑剔的话，找地点的效率就会非常低。初期在知道找地点的规则之后，应该大量找地点，而不是过于在意地点的质量，这样找多了之后就会知道自己习惯使用怎样的地点。事实上，只要地点有承载空间，且角度、距离、线路没有大问题，定桩记忆本身应该不会有什么问题，主要还是使用上的问题。

3. 地点的本质是一种空间感

明白这个道理之后就不会找距离太近的两个地点。太近会导致空间重叠，可能导致混淆。地点之间距离远也并不会影响速度，只要熟悉了，无论是室内还是室外的地点都可以很快反应出来。

4.千万不要舍弃任何一组地点

不要因为某组地点你觉得特别难用就舍弃它，然后只用那些你觉得特别好用的。因为当你水平越来越高之后，你能驾驭的地点就会越来越多，当初觉得不好用的地点可能就会变得好用。事实上，水平高了之后，除了个别极好用与极难用的地点，别的地点的使用感都是差不多的。另外，如果你实在觉得某组地点不好用，那平常也要去熟悉它，大不了比赛时不把它派上场。也许你会问：我不派它上场岂不是白熟悉了吗？不是的，地点越多，意味着你可以有越大的训练量。

八、关于墙角地点的个人观点

1.墙角地点放编码的速度非常快

被动编码可以很自然地放在地点上，这样的话速度会非常快，所以对于快速数字的项目，可以用这种地点。但是快速扑克就不一定，记忆扑克很多时候用的是方向感，如果地点材质比较有特点的话，就能辅助记忆。

2.墙角多了之后会混淆吗

一般来说，地点的空间感不同，是不太容易混淆的。但是如果都是墙角，在地点数量很多的情况下可能会混淆。出现混淆时，可以多找一些别的类型的地点。

3.墙角地点的局限性

墙角地点不适合用来记听记、词语以及实用项目，除非这个地点上有特征物，可以让这个墙角比较有特点。听记项目最好使用在质地、特点上有明显区别的地点，这样记忆时不容易空桩。

最好的地点应该在有墙角功能的基础上兼有特点，这样既放得稳又不容易空桩。

第九节 >>> 口诀法

一、何为口诀法

从要记忆的信息里提取出关键字或关键词，再将这些字或词编成有意义的口诀即可。

注意：记忆不要求顺序的信息时可以调换关键词的顺序。

二、用口诀法记忆学科知识点

知识点	口诀	说明
八国联军：俄国、德国、法国、美国、日本、奥匈帝国、意大利、英国	饿（俄）的（德）话（法），每（美）日熬（奥匈帝国）一（意大利）鹰（英国）	—
七大洲：亚洲、非洲、北美洲、南美洲、南极洲、欧洲、大洋洲	亚非北南美，南极欧大洋	这个口诀中的大洲是按照每个洲的面积大小进行排序的
"的、地、得"的不同用法	的、地、得，不一样，用法分别记心上；左边白，右边勺，名词后边跟着跑；左边土，右边也，地字站在动词前；左边动词就使得，形容词前要用得	—

练一练

请用本节所讲的口诀法记忆国家和别称。

| 千湖之国—芬兰 | 枫叶之国—加拿大 | 花园之国—新加坡 |
| 钟表之国—瑞士 | 千佛之国—泰国 | 玫瑰之国—保加利亚 |

第十节 >>> 故事法

一、何为故事法

将需要记忆的信息简化，提取关键词，再将关键词转换成具体形象的图片，用一个故事或多个故事将这些关键词串联起来即可。

二、故事法注意事项

有六点注意事项：夸张、拟人、形象、戏剧、押韵和荒谬。

三、用故事法记忆现代诗

致我们终将远离的子女

纪伯伦

你的儿女，其实不是你的儿女。

他们是生命对于自身渴望而诞生的孩子。

他们借助你来到这个世界，却非因你而来，

他们在你身旁，却并不属于你。

你可以给予他们的是你的爱，却不是你的想法，

你可以庇护的是他们的身体，却不是他们的灵魂，

因为他们的灵魂属于明天，属于你做梦也无法达到的明天。

你可以拼尽全力，变得像他们一样，却不要让他们变得和你一样，

因为生命不会后退，也不在过去停留。

你是弓,儿女是从你那里射出的箭。

弓箭手望着未来之路上的箭靶,

他用尽力气将你拉开,使他的箭射得又快又远。

怀着快乐的心情,在弓箭手的手中弯曲吧,

因为他爱一路飞翔的箭,也爱无比稳定的弓。

记忆思路:

①通读理解全诗。

②编故事。

③在脑海里回忆刚编的故事,进而将原文背出来。

我将这首诗编成故事,并绘成了漫画的形式。

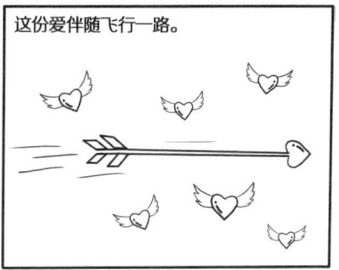

[他们的灵魂已经走在明天的道路上,家长不要想着去改变孩子,而是要跟上他们的步伐。]

[生命这个年轮永远只向前方迈进,不会倒退,更不会停下来。]

[家长是弓,孩子是箭。想象上苍是拉弓的人,上苍爱着家长,同样爱着孩子。]

[这份爱伴随飞行一路。]

练一练

请用本节所讲的方法记忆诗歌。

当你老了

叶芝

当你老了,头发白了,睡思昏沉

炉火旁打盹,请取下这部诗歌

慢慢读,回想你过去眼神的柔和

回想它们昔日浓重的阴影

多少人爱你青春欢畅的时辰

爱慕你的美丽,假意或真心

只有一个人爱你那朝圣者的灵魂

爱你衰老了的脸上痛苦的皱纹

垂下头来,在红光闪耀的炉子旁

凄然地轻轻诉说那爱情的消失

在头顶的山上它缓缓踱着步子

在一群星星中间隐藏着脸庞

第十一节 >>> 思维导图法

一、何谓思维导图法

思维导图是由"世界记忆之父""世界大脑先生"托尼·博赞正式提出并推广的一种图形笔记和思维工具。

思维导图将发散思维与辐合思维完美结合，并以直观的方式进行呈现。思维导图用分级分层思维梳理内容之间的关系，由大到小进行层层分级，最后达到梳理知识、总结归纳的目的。

对于记忆来说，思维导图的作用在于分类。给词语分类就好像整理杂乱的衣柜。思维导图好比是一个衣柜，词语就是衣柜里的衣物。如果一个衣柜没有隔板，那么衣物可能就会堆放得相当杂乱。而利用隔板划分空

间，不仅可以将衣物摆放整齐，还可以根据生活习惯，将不常用的东西束之高阁，将常用的东西放在伸手就能拿到的地方，进而缩短了寻找的时间，提升了效率。

我们用一个例子来说明这一点。请你尝试用16秒时间记住下列16个物品。

它们分别是：

葡萄、北极熊、公共汽车、骆驼、奶酪、香蕉、

照相机、长颈鹿、菠萝、气球、雨伞、棒球、

轮船、孔雀、飞机、火车

我们可以将其分类为以下四个类别。

食物：葡萄、奶酪、香蕉、菠萝。

动物：北极熊、骆驼、长颈鹿、孔雀。

交通工具：公共汽车、轮船、飞机、火车。

生活用品：照相机、气球、雨伞、棒球。

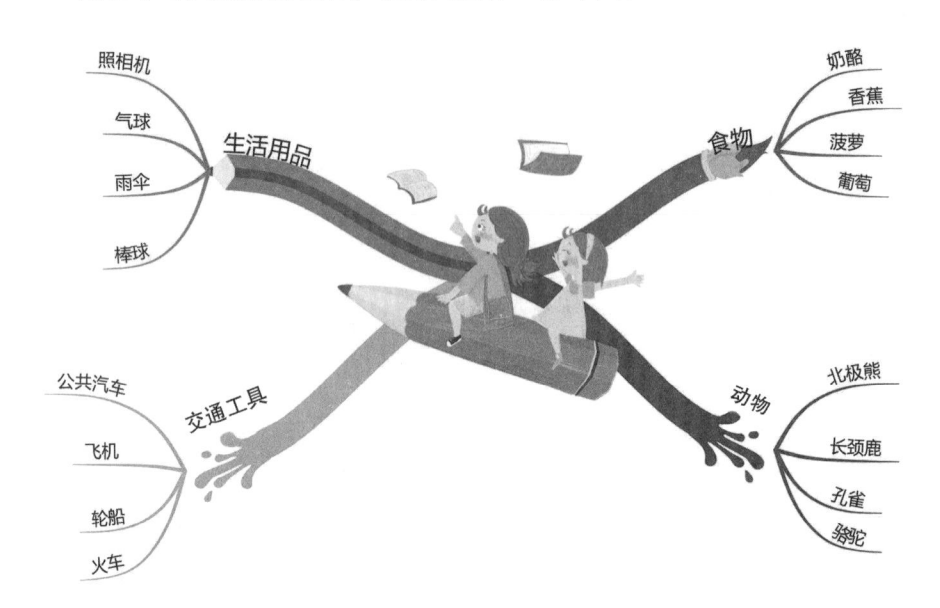

用思维导图进行梳理后,就得到这样一张导图:

生活用品:照相机、气球、雨伞、棒球
食物:奶酪、香蕉、菠萝、葡萄
交通工具:公共汽车、飞机、轮船、火车
动物:北极熊、长颈鹿、孔雀、骆驼

这张思维导图里有四个主干,这四个主干分别对应一个大的类别,而每个大类别下面又对应四个小的分支。从一堆图到一张图,逻辑变得非常清晰,记忆难度也随之降低。现在请你再次尝试回忆这16个物品。是不是一下子就记下来了呢?非常棒!

面对繁杂的记忆内容时,如果进行了逻辑分类,零散的信息就有了规律,再进行记忆就很简单了。这种分类的方法还可以运用到学习、生活和工作的方方面面。

二、思维导图法四大核心

1. 水平发散

水平发散思维是围绕一个问题,从不同的角度分析这个问题,有利于养成全面思考和看待问题的思维习惯。

2. 垂直纵深

围绕一个问题不断深挖,就好像挖掘一口水井一样,让我们养成深度思考和本质思考的思维能力。

3. 全局重点

二八原则，抓取20%的核心信息，进行整理再加工，提炼出具有总结属性的词语。

4. 归类梳理

对杂乱无章的词语进行梳理分类。

三、思维导图法手绘步骤

第一步：整体构思，突出特征。

第二步：手绘图像。用极简的线条勾勒出大致比例和形态。

四、范例

用思维导图记忆中国园林建筑。

1. 江南私家园林

（1）拙政园：苏州最大的古典园林，是江南园林的代表作。

（a）转换关键词。拙政转换成捉正，苏州转换成流苏玉佩，江南转换成林俊杰正在唱《江南》。

（b）串联关键词。捉住一个正方形的流苏玉佩，将它赠予正在唱《江南》的林俊杰。

（2）留园：位于苏州，有"不出城郭而获山林之趣"。

（a）转换关键词。苏州转换成流苏玉佩。

（b）串联关键词。出不了城郭，留在挂满流苏玉佩的园子里。

2. 北方皇家建筑

（1）故宫：紫禁城，明成祖朱棣时期建造，是世界上最大、最完整的木结构建筑群。

（a）转换关键词。紫禁转换成紫荆花，明成祖转换成明天组成，朱棣转换成猪小弟。

（b）串联关键词：猪小弟明天组成队伍去开满紫荆花的故宫游玩，听说那是最大、最完整的木结构建筑群。

（2）圆明园：由康熙皇帝命名，被誉为"万园之园"。1860年被英法联军焚毁。

（a）转换关键词。圆明园转换成又圆又明亮的园子，18谐音成腰包，60谐音成榴梿。

（b）串联关键词：康熙命名的又圆又明亮的园子被英法联军用腰包里的榴梿给毁坏了，这座园子曾经被称为"万园之园"。

（3）颐和园：被誉为"皇家园林博物馆"。

（a）转换关键词。颐和转换成一盒。

（b）串联关键词：一盒微缩景观里放置的是"皇家园林博物馆"。

（4）承德避暑山庄：中国现存最大的古典皇家园林。

（a）转换关键词。承德转换成承载德芙巧克力。古典转换成鼓点。

（b）串联关键词。中国现存最大的皇家园林承载着德芙巧克力，敲着鼓点招揽游客。

3. 亭台楼阁

（1）四大名亭：醉翁亭、陶然亭、爱晚亭、湖心亭。

（a）转换关键词。陶转换成陶醉。

（b）串联关键词。醉翁陶醉在湖心中的爱晚亭里。

（2）四大名楼：滕王阁、黄鹤楼、岳阳楼、鹳雀楼。

（a）转换关键词。滕转换成藤蔓，岳阳转换成越过太阳，鹳雀转换成关。

（b）串联关键词。黄鹤衔着藤蔓越过太阳，最后还是被关起来了。

（3）重要关隘：山海关、嘉峪关、玉门关、雁门关、大散关。

（a）转换关键词。嘉峪转换成甲鱼，大散转换成打散。

（b）串联关键词。戴着玉佩的大雁衔着一只甲鱼准备飞过山海，没想到还没有到目的地就被打散了。

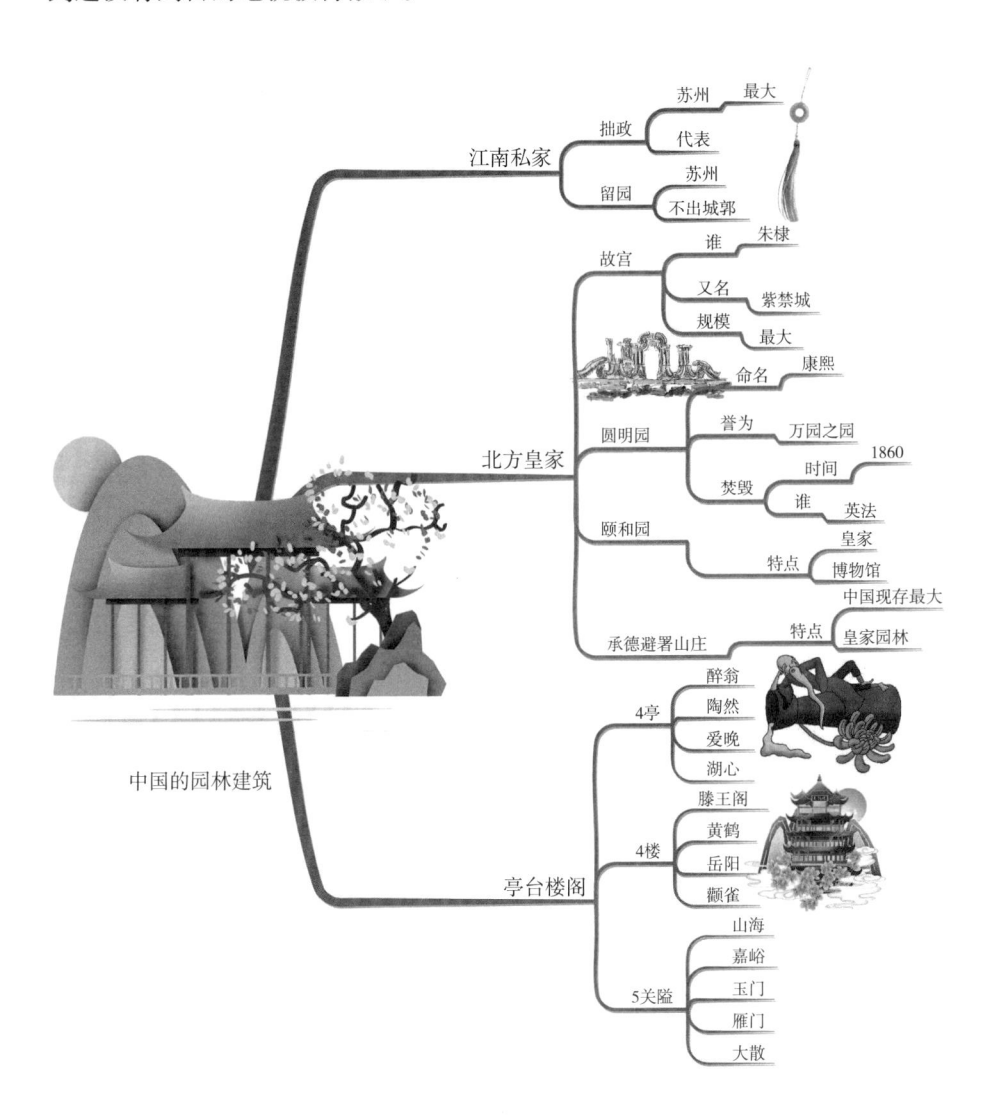

中国的园林建筑
- 江南私家
  - 拙政
    - 苏州
    - 最大
  - 留园
    - 代表 苏州
    - 不出城郭
- 北方皇家
  - 故宫
    - 谁 朱棣
    - 又名 紫禁城
    - 规模 最大
    - 命名 康熙
  - 圆明园
    - 誉为 万园之园
    - 焚毁
      - 时间 1860
      - 谁 英法
  - 颐和园
    - 特点 皇家博物馆
  - 承德避暑山庄
    - 特点 中国现存最大皇家园林
- 亭台楼阁
  - 4亭
    - 醉翁
    - 陶然
    - 爱晚
    - 湖心
  - 4楼
    - 滕王阁
    - 黄鹤
    - 岳阳
    - 颧雀
  - 5关隘
    - 山海
    - 嘉峪
    - 玉门
    - 雁门
    - 大散

第十二节 >>> 音乐法

一、何谓音乐法

如何利用音乐帮助人们快速记忆复杂信息？

将需要记忆的信息转换成歌词，借助已有的旋律，可以迅速将需要记忆的内容记下来。

二、音乐法的应用

例如，由邓丽君演唱的《但愿人长久》和《思君》，其歌词就分别源于苏轼的《水调歌头·明月几时有》和李之仪的《卜算子·我住长江头》；由杨洪基演唱的《满江红》，其歌词则来源于岳飞的《满江红·怒发冲冠》。

在饶舌文化兴起的年代，一些网络名人用古典诗词创造了许多富有节奏韵律的佳作，如李文杰同学饶舌版的《阿房宫赋》、"快乐男孩坤木"饶舌版的《西江月·夜行黄沙道中》，以及"WD王浩轩"饶舌版的《破阵子·为陈同甫赋壮词以寄之》。

本身合辙押韵的古诗词搭配朗朗上口的音乐旋律，记忆效率将翻倍提升。读者朋友们可以尝试找出这些音乐，一边听一边记，或许会有别样的体会。

第三章

记忆法进阶之学科应用篇

- ★ 第一节　速记单词的九大方法
- ★ 第二节　速记英语词组
- ★ 第三节　速记汉字字形、字音
- ★ 第四节　速记文学、文化常识
- ★ 第五节　速记诗词、古文
- ★ 第六节　速记历史知识点
- ★ 第七节　速记地理知识点
- ★ 第八节　速记生物知识点
- ★ 第九节　速记物理知识点
- ★ 第十节　速记化学知识点
- ★ 第十一节　速记资格证考试考点
- ★ 第十二节　速记生活资讯

第一节 >>> 速记单词的九大方法

英语单词的记忆有三大方面，读音、拼写和意义。而从音、形、义这三个维度，可以衍生出多种速记方法。例如，从音的维度出发的自然拼读法、拼音法和谐音法；从形的维度出发的编码法、对比法和绘图法；从义的维度出发的熟词法、词源法和词根法。

需要注意的是，这些速记方法都不是互相独立的，也不是彼此割裂的。在实际运用时，需要联合使用多种方法，最终的目的是快速、准确地记忆。

一、自然拼读法

国内采用的英语音标是英国语音学家丹尼尔·琼斯研究制订的DJ音标。它包含48个音标符号，其中辅音28个，元音20个。就像我们初学汉字时学习拼音，通过学习声母和韵母的组合来拼读汉字，我们同样可以通过学习英语的拼读来掌握英语单词的发音。与汉语不同的是，英语是拼音文字，因此掌握拼读规律后，只要看到单词即可知道读音，而只要听到读音也可拼出单词，这就给英语单词的学习提供了便利。

接下来通过几个单词来了解自然拼读法。

cat [kæt] 猫

play [pleɪ] 玩耍

sleep [sli:p] 睡觉

boat [bəʊt] 小船

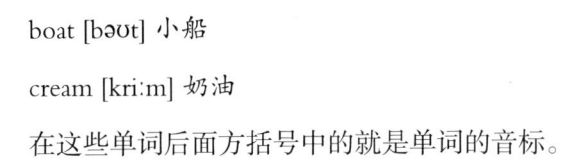

cream [kri:m] 奶油

在这些单词后面方括号中的就是单词的音标。

二、拼音法

有些单词的拼写形式与汉语拼音一样，我们可以利用汉语拼音对应的中文含义与单词词义进行联想记忆，以熟记新。这种方法称为拼音法。它可具体分为三种组合模式：完整拼音、拼音加象形和拼音加字母。具体来看一些例子：

拼音法	单词	意义	拆分	联想
完整拼音	dance [dɑ:ns]	跳舞	dan蛋+ce厕	鸡蛋在厕所里跳舞
	guide [gaɪd]	向导	gui贵+de的	请向导是很贵的
	bandage [ˈbændɪdʒ]	绷带	ban绊+da大+ge哥	绊倒了大哥，缠上了绷带
	wage [weɪdʒ]	工资	wa哇+ge哥	哇，哥哥发工资了
	language [ˈlæŋgwɪdʒ]	语言	lan烂+gua瓜+ge哥	被烂瓜砸到头的哥哥突然会说另外一种语言
拼音加象形	mall [mɔ:l]	购物商场	ma妈妈+ll筷子	妈妈到购物商场买了11双筷子
拼音加字母	change [tʃeɪndʒ]	改变	chang嫦+e娥	猪八戒为了讨嫦娥欢心，要改变自己

三、谐音法

一些舶来品在本国文字中缺少对应的描述，人们就会根据发音编译成本国熟悉的表达方式。这些词语就是外来语，如吉普（jeep）、芭蕾（ballet）、雷达（radar）和巴士（bus）等。谐音法借鉴了这种转换方法。下面来看几个具体的例子：

单词	意义	谐音	联想
pest [pest]	害虫	拍死它	见到害虫就要拍死它
ambition [æmˈbɪʃn]	野心	俺必胜	充满野心的俺必胜
leak [liːk]	漏洞	立刻	有漏洞立刻补上

四、编码法

编码法是对字母进行形象处理，转换成固定的形象编码，再用这些编码进行联想记忆的方法。在编码法中，对一个字母进行编码叫单字母编码，对多个字母进行转换编码就叫多字母编码。

单字母编码有三个原则：外形（如c像月亮）、声音（如b的读音像笔）和小单词（如由a想到apple苹果）。多字母编码也有三个原则：外形、全拼和拼音首字母。

接下来我们通过具体的案例来了解编码法。

单词	意义	编码方法	编码	联想
round [raʊnd]	圆形的	全拼	rou揉	揉圆圆的脑袋
		拼音首字母	nd脑袋	
chest [tʃest]	箱子	全拼	che车	用车把石头装入箱子里
		拼音首字母	st石头	
boom [buːm]	繁荣	外形	boo像数字600	一条街上开了600家麦当劳，很繁荣
		拼音首字母	m麦当劳	

下面是英语26个字母的编码：

a苹果	b笔	c月亮	d笛	e鹅	f斧头	g鸽
h椅子	i蜡烛	j鱼钩	k机关枪	l法棒	m汉堡包	n门
o鸡蛋	p皮鞋	q小企鹅	r小草	s蛇	t伞	u水杯
v漏斗	w皇冠	x剪刀	y衣撑	z闪电		

还有一些常见的多字母编码：

ad奥迪	cr超人	fr飞蛾	of藕粉	tion心
au金子	dy大衣	lm龙猫	ry人鱼	tr铁人
bl菠萝	ele大象	ne哪吒	sp薯片	wn蜗牛

五、对比法

我们在记忆单词的过程中会发现有一些单词长得很像，只有少部分的字母不一样，这样的单词要利用对比的方式进行记忆。如果认识其中一个，就可以将两者进行关联记忆，这种方法叫对比法。

现在就要教你如何用对比法来记单词。

单词	意义	分析	联想
sheet [ʃiːt]	床单	不同的字母是t和p	穿着皮鞋（p）的绵羊在踢（t）床单
sheep [ʃiːp]	绵羊		

续表

单词	意义	分析	联想
glue [gluː]	胶水	—	蓝色的胶水将鸽子（g）粘住了
blue [bluː]	蓝色的		
lake [leɪk]	湖	l让我们联想到数字1，c是"吃"的拼音首字母	吃完一个蛋糕后，去湖边散步
cake [keɪk]	蛋糕		
polite [pəˈlaɪt]	有礼貌的	te特	警察特有礼貌
police [pəˈliːs]	警察		
beer [bɪə(r)]	啤酒	以beer为基础词。be在英语中有"是"的意思，er是"儿"的全拼，因此可联想"是儿子在喝啤酒"	鹿被啤酒绊倒（d）了
deer [dɪə(r)]	鹿		
right [raɪt]	正确的	以right为基础词。ri是"日"的全拼，ght是"规划图"的拼音首字母，因此可联想"今日的规划图是正确的"	光线照在小草（r）上是对的
light [laɪt]	光线		

六、绘图法

相较于文字性信息，我们的大脑更喜欢图像性信息。因此，将部分单词用图画的形式呈现出来，可以直接记下来，这种方法叫作绘图法。来看两个例子：

owl [aʊl] 猫头鹰

o像猫头鹰的外形，w像弯曲的树枝，l像树干。这个单词构成了猫头鹰在树上休息的画面。

buy [baɪ] 买

这个单词的外形很像一辆购物车，而看到购物车就很容易联想到买东西。

七、熟词法

熟词法就是在记忆单词的过程中利用已知的、熟悉的单词来记忆新单词的方法。

单词	意义	分析	联想
football [ˈfʊtbɔːl]	足球	foot脚+ball球	用脚踢的球是足球
capacity [kəˈpæsəti]	容量	cap帽子+a一个+city城市	用帽子盖住了一个城市，容量真大
hesitate [ˈhezɪteɪt]	犹豫	he他+sit坐+ate吃（过去式）	在减肥的他，坐在一堆美食前，犹豫要不要吃
train [treɪn]	火车	t伞（外形）+rain雨	打着伞在雨天赶火车

利用熟词法记忆单词的时候，我们经常会遇到train这样的情况，即有部分是熟悉的单词，其余部分可以根据外形和拼音等方式进行编码，再结合熟词联想进行记忆。

八、词源法

每个字母在创造时都被赋予了特定的含义，如字母A起源于牛头。英语单词中字母的含义随着时代发展而演变，尽管到现在已经发生了很多变化，但是在有些单词里还是有留存的。

词源法是根据字母创造时的含义来记忆其衍生出的单词含义的方法。当我们知道单词构成来源时，就能更加容易地理解与记忆单词。

接下来看一些具体的案例。

字母	词源	单词示例
l	表示鞭子的象形符号	long长的，length长度，line路线，light光线，leg腿
w	有水的意思	water水，wash洗，well井，wade涉水，wharf码头，weep流泪

字母发展到现在有了很多含义的变化，单纯用词源法来记忆单词会有诸多限制，但是了解词源可以锻炼我们的形象化思维。

九、词根词缀法

我们在记忆汉字的时候是按照偏旁部首进行记忆的，记忆英文单词也有类似的办法，那就是利用词根词缀。词根词缀相当于英语单词的偏旁部首，所以记忆单词时要懂得将它按照词根词缀分开。只要掌握好词根词缀相对应的含义，就可以更高效地记忆单词。

词根是单词中表现基本意义的语素，是一个单词的核心部分。同样地，词根加不同的词缀就可以形成不同的单词。词缀可以分成前缀和后缀。前缀位于单词的前部，用来修饰词根，表限制、加强或方向。在单词后部的叫后缀，通过后缀我们常常可以判断出一个单词的词性。

我们来看一些案例。

词根词缀	类型	意义	单词	解析
spect	词根	看	inspect检查	in表示"在内部"。在内部看到问题的根源就是检查
			respect尊敬	re-作为前缀是重复的意思。当看到令我们尊敬的人时我们会多看几次
			prospect前景	pro是向前看的意思。向前看，前方的景色就是前景
de-	前缀	离开，去掉，向下，变慢，变坏	detrain下火车	离开火车当然就是下火车了
			desalt脱盐	去掉盐就是脱盐
			depress压抑	press是压的意思
			decelerate减速	celer作为词根是迅速的意思，ate在这里是动词后缀
			defame诽谤，中伤	fame名声
-er	后缀	表示人、物、工具	worker工人	work工作
			painter画家	paint画
			washer洗衣机	wash洗
			heater加热器	heat加热

续表

词根词缀	类型	意义	单词	解析
-or	后缀	表示人、物	actor演员	act表演
			investor投资者	invest投资
			motor发动机	词根mot表示运动

练一练

请灵活运用本节学到的方法速记以下英语单词。

sleep [sliːp] 睡觉

mile [maɪl] 英里

sofa [ˈsəʊfə] 沙发

vitamin [ˈvɪtəmɪn] 维生素

pear [peə(r)] 梨

wine [waɪn] 葡萄酒

vine [vaɪn] 藤本植物

affect [əˈfekt] 影响

effect [ɪˈfekt] 结果

bed [bed] 床

greenhouse [ˈɡriːnhaʊs] 温室

hero [ˈhɪərəʊ] 英雄

agent [ˈeɪdʒənt] 代理人

reliance [rɪˈlaɪəns] 信赖

第二节 >>> 速记英语词组

第一步：提取关键信息。

第二步：串联所有关键信息。

词组	解析	联想
stay up 熬夜	用对比法记忆相似词组	待在教室熬夜学习，直到太阳升起
stand up 站起来		
watch out 注意	watch看+out外面	放哨的人看着外面，注意观察一切风吹草动
give away 泄露，分发，赠送	give给+away远离	给的东西逐渐远离，意味着分发、赠送了，或是泄露出去了

练一练

请灵活运用本节学到的方法速记以下英语词组。

第一组：

throw away 扔掉

carry away 运走

put away 把……收好

run away 潜逃，跑开

第二组：

answer for 负责

call for 要求

plan for 打算，为……计划

hope for 希望，期待

ask for 索取，寻找

第三节 >>> 速记汉字字形、字音

汉字的字形、字音是历年中考必考题目，想要轻松记忆易混淆的字形与字音，可以运用对比法。

一、速记易混淆成语

正确	错误	记忆方法
关怀备至	关怀倍至	选错的同学认为这个成语指的是"加倍地关心与关怀"，其实它是"给予完备而周到的关怀"的意思。找到易错字"备"对应的人物或事物等名词，然后与之配对联想。例如：关羽非常关心刘备
唉声叹气	哀声叹气	"唉！你怎么总叹气。"
班门弄斧	搬门弄斧	班长在门口弄斧头
可见一斑	可见一般	可见你脸上一颗斑
英雄辈出	英雄倍出	英雄是一辈一辈地出来的
明辨是非	明辩是非	辨别是非，不随便听信人言（言字旁）
一筹莫展	一愁莫展	一筹划，感觉还是莫展出了
披星戴月	披星带月	披着星星服，戴着月亮帽
以逸待劳	以逸代劳	以安逸状态等待劳累的人归来

二、速记易混字

不仅是成语中，一些词语中的易混字也需要一些记忆技巧。我们可以将它们分成以下五类：

1. 形似

松弛（错误：松驰）

仔细观察，"弛"和"驰"只有偏旁是不同的，一个"弓"，一个"马"。你可以这样联想：松弛时弓箭是平的。记住，脑海里一定要出现弓箭的图！

潦草（错误：缭草）

"潦"和"缭"，一个是三点水，一个是绞丝旁。我们经常形容字迹潦草。想象写毛笔字时滴下三滴墨水，这样就可以将三点水和"潦草"联系在一起了。

2. 音近

提纲（错误：题纲）

你可以想象自己用手拿着提纲。

国籍（错误：国藉）

联想护照上印有竹子的花纹。

重叠（错误：重迭）

联想葫芦娃一个又一个叠加，压死了蛇精。

3. 义近

掠夺（错误：略夺）

用手去抢夺，所以是提手旁。

4. 音、形两近

急躁（错误：急燥）

着急得直跺脚，因此是足字旁。

贪赃（错误：贪脏）

贝壳在古代被用作货币。贪的是钱，因此用贝字旁。

5. 音、形、义三近

摩擦（错误：磨擦）

用手摩擦，用石头磨砂。

三、速记生僻字

生僻字	解析	记忆方法
粜 tiào	这个字可以拆分为上下结构，上面一个"出"，下面一个"米"。"出"+"米"+读音，联想出形象的图——跳	跳着出去卖米赚钱
棣 dì	这个字可以拆分为左右部分，左边一个"树木"的"木"，后边一个"奴隶"的"隶"，再将它的读音转换成形象的图——地	树边有一个奴隶坐在地上
妫 guī	这个字为左右结构，左边一个"女"，右边一个"为"	加上读音，可以这样想：此为女鬼
偲 cāi	这个字左边一个单人旁，右边一个思想的思	加上读音，联想记忆：人要有思想，还要有才能

四、速记多音字

有些朋友会将高隽老师的名字叫成gāo xié，估计觉得"隽"字长得很像"携带"的"携"，秀才认字认半边。还有的朋友会叫高娟、高奶、高佳。

隽有两个读音，一是jùn，二是juàn。读jùn时，隽通俊，是优秀、才智出众的意思。例如，《左传·哀公十五年》中有"有三隽才"的句子，《汉书·礼乐志》中有"进用英隽"的描述。此外，隽还通儁，意指才智出众的人，用作名词。例如，隽英指杰出人物，隽士指才智出众者。

读juàn时，隽的本义为鸟肉肥美，味道好。后引申为肥美之肉、美味，也指诗文、言论意味深长。古时，也以隽表示射中鸟，如元稹的《观兵部马射赋》中有言，"得隽为雄，唯能是与"。或是表示科举高中，如欧阳修《送徐生之渑池》中的"名高场屋已得隽，世有龙门今复登"。

由此可见，"隽"字中集合了诸多美好的寓意。回到高隽老师的名字，由"高"想到高兴，由"隽"想到"俊"，那么带着满脸笑意，长相俊俏的就是高隽。你记住了吗?

练一练

请用本节学到的对比法记忆以下词汇:

己、己、巳

捉摸和琢磨

泄漏和泄露

淹没和湮没

第四节 >>> 速记文学、文化常识

一、文学常识

鲁迅的代表作:

《呐喊》《孔乙己》《故乡》《阿Q正传》

《药》《狂人日记》《社戏》《祝福》

我们可以使用故事法,将需要记忆的信息编成故事,按逻辑适当调整顺序进行记忆。

记忆思路:鲁迅呐喊,"嘿,孔乙己,我们回故乡吧!去看看阿Q,他的正传写好了吗?""还没有啊,写文章写病了,现在还在吃药。后来听说发狂了,跑到社区大舞台上唱戏。""啊,这么严重啊!我们给他送去祝福吧,祈祷他早日康复。"

贺敬之的代表作：

《中国的十月》《回延安》《西去列车的窗口》

《白毛女》《放声歌唱》

记忆思路：中国的十月，贺敬之回延安，看到西去列车的窗口里，白毛女在放声歌唱。

二、文化常识

复句类型：

因果、并列、递进、假设、转折、条件、选择、承接

记忆思路：病（并）因旋（选）转，呈（承）递假条。想象一个人因为生病，感到天旋地转，向老师告假。

汉字造字法：

象形、会意、形声、指事、假借、转注

记忆思路：向（象）假指挥（会）行（形）注目礼。

汉字形体的演变过程：

    甲骨文、金文、小篆、隶书、楷书、草书、行书

记忆思路：古（骨）今（金）小隶盖（楷）卖草的商行。

科举考试：

     院试、乡试、会试、殿试

记忆思路：小生有缘（院）相（乡）会（殿）堂。

元曲四大家：

     关汉卿、马致远、白朴、郑光祖

记忆思路：元曲先生骑白马，正（郑）观（关）光。

中国当代四大散文家：

     杨朔、秦牧、魏巍、刘白羽

记忆思路：杨木（牧）喂（巍）三文（散文）鱼（羽）。

练一练

请用本节学到的方法记忆以下作者及其代表作。

老舍的作品：

  《四世同堂》《二马》《小坡的生日》《骆驼祥子》《离婚》
  《月牙》《火车头》《赶集》《龙须沟》《茶馆》《猫》

曹禺的作品：

    《雷雨》《日出》《北京人》《家》《原野》

第五节 >>> 速记诗词、古文

一、速记诗词之绘图法

第一步：通读理解。

第二步：提取关键词。

第三步：绘图。

第四步：记忆。

第五步：复习。

岳阳楼记

［宋］范仲淹

庆历四年春，滕子京谪守巴陵郡。越明年，政通人和，百废具兴。乃重修岳阳楼，增其旧制，刻唐贤今人诗赋于其上，属予作文以记之。

予观夫巴陵胜状，在洞庭一湖。衔远山，吞长江，浩浩汤汤，横无际涯，朝晖夕阴，气象万千，此则岳阳楼之大观也，前人之述备矣。然则北通巫峡，南极潇湘，迁客骚人，多会于此，览物之情，得无异乎？

若夫淫雨霏霏，连月不开，阴风怒号，浊浪排空，日星隐曜，山岳潜形，商旅不行，樯倾楫摧，薄暮冥冥，虎啸猿啼。登斯楼也，则有去国怀乡，忧谗畏讥，满目萧然，感极而悲者矣。

至若春和景明，波澜不惊，上下天光，一碧万顷，沙鸥翔集，锦鳞游泳，岸芷汀兰，郁郁青青。而或长烟一空，皓月千里，浮光跃金，静影沉璧，渔歌互答，此乐何极！登斯楼也，则有心旷神怡，宠辱偕忘，把酒临风，其喜洋洋者矣。

嗟夫！予尝求古仁人之心，或异二者之为，何哉？不以物喜，不以己悲，居庙堂之高则忧其民，处江湖之远则忧其君。是进亦忧，退亦忧。然则何时而乐耶？其必曰"先天下之忧而忧，后天下之乐而乐"！噫！微斯人，吾谁与归？

时六年九月十五日。

译文：庆历四年的春天，滕子京被贬官为巴陵郡太守。隔了一年，政治清明通达，人民安居和顺，过去荒废的一切事业，都重新兴起。于是重修岳阳楼，扩大原有的规模，刻制唐代贤人和当代才子的诗赋在楼上，嘱咐我写一篇文章来记述这件事。

在我看来，巴陵郡的盛景，全在洞庭湖上：衔接远山，吞没长江，流水浩浩汤汤，一望无际，早晨的光辉和晚上的美景，有万千的气象，这就是岳阳楼的大景观，前人的叙述已经很详尽了。那么这里北面通到巫峡，南面极尽潇湘一带，被降职的官吏、诗人墨客，多到这里来聚会，观览景物的心情，大概会有所不同吧？

当那雨霏霏落下，一连几个月不断，阴冷的风狂吹怒叫，污浊的水浪横在空中，日月星辰隐没了光辉，山岳潜藏起形迹，商人旅客不能外出，船上的桅杆倾倒、橹桨损坏，傍晚时天色一片昏暗，耳听老虎啸叫，猿声悲啼。这时登上岳阳楼，则有远离都城，怀念故乡，忧虑别人诽谤，害怕众人嘲讽的种种思绪，满目凄凉，感慨到了极点，心中无限悲伤起来了。

到了春风清和时，春景明媚，湖中波平浪静，上下天光明亮，湖面一片碧绿。沙鸥飞翔云集，美丽的鱼儿在水中游泳，岸上的芷草，汀洲的兰花，显得郁郁青青。有时长烟横在空中，明月照耀千里，湖面波光闪耀，像金子一样发光；有时月亮在平静湖水中的影子像一轮沉入水中的玉璧，湖上渔人对歌，你问我答，这样快乐的情景，怎么会有穷尽呢？此时登上岳阳楼，则心旷神怡，心情舒畅，人生的荣华富贵、失意受辱都忘掉了。对着美景把酒痛饮，觉得其乐无穷，喜气洋洋了。

哎呀！我曾探求过古时仁人的心境，或许不同于以上两种表现。为什

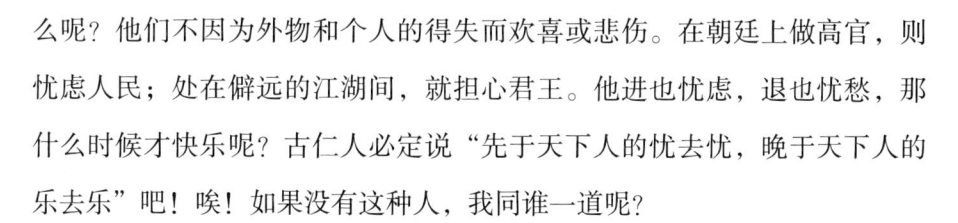

么呢？他们不因为外物和个人的得失而欢喜或悲伤。在朝廷上做高官，则忧虑人民；处在僻远的江湖间，就担心君王。他进也忧虑，退也忧愁，那什么时候才快乐呢？古仁人必定说"先于天下人的忧去忧，晚于天下人的乐去乐"吧！唉！如果没有这种人，我同谁一道呢？

写于庆历六年九月十五日。

在本案例中，我以段落为分界，分别选取关键词并绘图。第一段绘图如下：

记忆思路：

"庆"转换成庆祝的彩蛋。树桩的年轮是四圈表示四年。用小芽和燕子表示"春"。第一幅小图表示，庆祝日历上第四年的春天到来了。"滕子"谐音成"藤子"，进而转换成藤条做的绳子。"京"谐音成"金"。"谪守"谐音并转换成折断手。箭头表示从一个地方被贬到另外一个地方。"巴陵"谐音成80。"越明年"转换成跨越明年。"政通人和"直接翻译成政治清明通达，人民安居和顺。其中，政治清明转换成好官为人民作主。"百废具兴"中的"百"指各行各业。猪代表畜牧业，锄头代表农业，锤子代表工商业，古琴代表娱乐业。"兴"谐音成"星"。重新恢复想象成从垃圾桶里重新出来。"乃"谐音成"奶"。"重"谐音成"虫"。"岳"谐音成"月"。"阳"联想成太阳。"乃重修岳阳楼"就转换成奶奶派虫子上岳阳楼。由"增其旧制"联想到增高建筑。"刻"联想成雕刻。"唐"谐音并转换成"棒棒糖"。"贤"联想成贤人。"今"谐音成"金"。"人"用火柴人代替。"属"联想成叮嘱，即一个人在那边说"拜托"。用一支笔和一篇文章来表示写作文。

第二段绘图如下：

记忆思路：

先看这幅图的最中间，再看上面和下面。"予"谐音成"鱼"。"观"用放大镜来表示。"夫"谐音成"扶"。"巴陵"谐音成80。"胜状"用闪闪的星星表示。"洞庭"用一个山洞和一个亭子来表示，并在一旁插上"洞庭湖"标志。将洞庭湖水拟人化，嘴巴衔接远山，表示"衔远山"。"吞长江"用一个人张嘴吐长江水来表示。"浩浩汤汤"谐音成"好好上上"，用两个点赞的手和阶梯来表示。左上方，尺子表示横的尺度太长，趋向正无穷。尺子下方，横着站着鸡和鸭并打叉，表示"横无鸡鸭"，是"横无际涯"的谐音。用向上的箭头表示"朝"，用向下的箭头表示"夕"。"气象万千"中的"气"可以转换成气球。"象"联想成大象。"岳阳楼"的匾额上画着月亮和太阳。"大观"用一个望远镜来表示。"前人"用拿了很多钱的人来表示。用一个人嘴边有很多的对话框来表示"述备矣"。"北"用N来表示。同时，在N旁边画了一个背包，谐音"北"。

第三段绘图如下：

记忆思路：

"淫雨霏霏"谐音并转换成萤火虫在雨里飞来飞去。"连月"用萤火虫连着月亮表示。"不开"用一个写着关字的门来表示。"阴风怒号"用阴沉的风在怒吼表示。"浊浪排空"用污浊的浪花拍打天空来表示。"日星隐曜"用日月星辰藏起来表示。"山岳潜形"用山间的月亮在潜伏着行走表示。"商旅不行"用商人和旅客都不能行走表示。"虎啸猿啼"用老虎放声大笑，猿猴啼哭表示。"登斯楼也"用一个小火柴人往高楼上走去表示。"忧谗畏讥"用馋嘴的鱿鱼在喂鸡表示。"满目萧然"用一双眼睛看到叶子被吹下来表示。"感极而悲者矣"用一个不开心的火柴人来表示。

第四段绘图如下:

记忆思路:

"至"谐音成"树枝"的"枝"。"若"谐音成"弱"。"春"用小草来表示。"景"谐音成"井"。树枝脆弱多病,春天的时候荷叶长在井旁,井是明亮的。"波澜"用波浪来表示。"惊"谐音转换成"金",用金元宝表示,在交通标志中用斜线表示禁止,此处借用,在金元宝上画斜线表示"不金"。"上下天光"用太阳旁边两个上下箭头表示。"碧"用笔来表示。沙地上的海鸥在飞翔,水里的锦鲤在游泳,表示"沙鸥翔集,锦鳞游泳"。"汀"谐音并转换成一个耳朵在那听。"郁郁青青"用鱼乘以2,亲亲乘以2来表示。"而或长烟一空"中的"而"谐音成耳。耳朵旁边有一堆火,烟飘到天空上去了。"皓月千里"用月亮的光洒到千里那么远来表示。漂浮的光就好像跳跃起来的黄金一样,表示"浮光跃金"。"静"谐音成"镜"。镜子的影子变成一支笔的模样。渔人和鱼互相唱着歌,小和尚乐呵呵地同荷叶与小鸡在一起。火柴人登上岳阳楼,表示"登斯楼"。心被框起来了,旁边有绳子和衣服,表示"心旷神怡"。"宠辱偕忘"中"宠"用表彰的花表示。"辱"用十字木板来表示。"偕忘"用气泡来表示。"把酒临风"用一个小火柴人拿着一壶酒来表示。"其喜洋洋者矣"用笑脸来表示。

第五段绘图如下：

记忆思路：

由"嗟夫"联想到姐夫。"予"谐音成"鱼"。"古"谐音成"鼓"。"仁人之心"用小人身上画一颗爱心表示。问号旁边一个不等于号，表示"或异"。两个小人表示"二者"。"何哉"倒字并谐音成"栽荷"。一个人抱着一个盒子，不会因为盒子里的东西是好的就欢喜，也不会因为盒子里的东西不好而悲伤。他坐在大堂之上，会为民众担忧，而当他在江和湖旁边的时候，他会担忧国君。两个小人，一个前进，一个后退，都走向忧。一个打满问号的时钟后边有一个箭头指向笑脸。用一个棋子和笔在说话来表示"其必曰"。很多人是忧的，火柴人就在他们之前忧，很多人是乐的，火柴人就在他们之后乐。"噫"谐音成"衣"。"微斯人"用围着围巾在拉屎的人表示。小人牵着一个身份不明的人一起归去。"六年"用画有6圈年轮的树桩来表示。"十五"也写作15，谐音成"鹦鹉"，"九月十五日"用写着9，画着鹦鹉的日历来表示。

二、速记古文之绘图法

《论语·学而》：

子曰："学而时习之，不亦说乎？有朋自远方来，不亦乐乎？人不知而不愠，不亦君子乎？"

译文：

孔子说："学习并且按时地去复习，不也很快乐吗？有志同道合的人从远方来，不也很高兴吗？别人不了解我，但我不生气，不也是道德上有修养的人吗？"

锯倩云绘制

记忆方法：使用绘图记忆法记忆这句话。左侧的古人正在开心地复习。沙漏代表按时。中间的两个古人在路上握着手，代表好朋友相见时很开心。右侧图中的小孩困惑地挠头，不解地望着面前的老人。老人笑嘻嘻的表情很好地阐释了最后一句话："别人不了解我，但我不生气，不也是道德上有修养的人吗？"

曾子曰："吾日三省吾身：为人谋而不忠乎？与朋友交而不信乎？传不习乎？"

译文：

曾子说："我每天多次反省自己，为别人办事是不是尽心竭力了呢？同朋友交往是不是做到诚实可信了呢？老师传授给我的学业是不是复习了呢？"

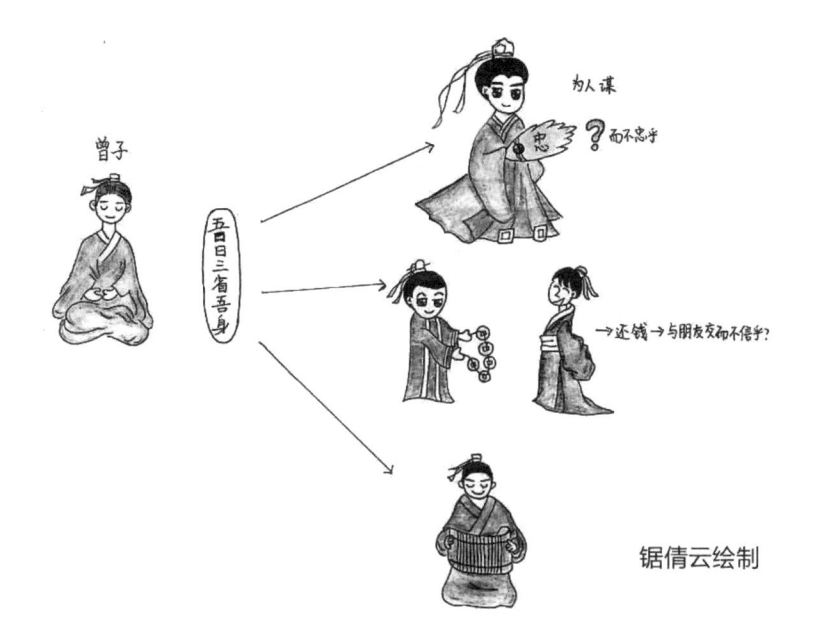

记忆方法：图中左边的小孩代表曾子，他正闭目打坐反省自己。右上角第一幅图，曾子拿着一把像诸葛亮用的羽毛扇，上面写了"忠"字，旁边打了一个问号，这表达了自问为人办事是不是尽心竭力的意思。右边第二幅图中曾子正在还钱给他的朋友，表达了同朋友交往诚实可信。右下角一幅图中，曾子正在认真看书，正在认真复习老师传授给他的知识呢！曾子常常这样反省自己，大家是不是可以做到比他更好呢？

《论语·为政》：

子曰："吾十有五而志于学，三十而立，四十而不惑，五十而知天命，六十而耳顺，七十而从心所欲，不逾矩。"

译文：

孔子说："我十五岁开始立志学习，三十岁能自立于世，四十岁遇事就不迷惑，五十岁懂得了什么是天命，六十岁能听得进不同的意见，到七十岁才能达到随心所欲，想怎么做便怎么做，也不会超出规矩。"

《论语·为政》

锯倩云绘制

记忆方法：结合使用思维导图、图像记忆和谐音转换方法记忆这句话。思维导图的主干是年纪。从右上角开始顺时针看：十五岁，分支是立志学习，简图书本代表学习。三十岁，分支是自立于世，简图是一台电脑，上面写着工作，代表着自立自强。四十岁是"不惑"，表示遇事不迷惑，这里谐音成"捕获"，用简图捕获网表示。是不是很生动形象呢？五十岁，分支是知天命，用一个香炉表示知天命。六十岁，分支是耳顺，这里用简图耳朵表示。七十岁，分支是从心所欲和不逾矩，其中从心所欲用简图小爱心表示。

《论语·雍也》：

子曰："知之者不如好之者，好之者不如乐之者。"

译文：

孔子说："懂得它的人，不如爱好它的人；爱好它的人，又不如以它为乐的人。"

记忆方法：运用绘图法记忆这句话。图中三个小朋友依次代表懂得书的人、爱好书的人和以书为乐的人。虽然孔子在这里没有具体指懂得什么，是泛指学问、技艺等，但是我们可以用书这个具体的图像代替，方便同学们记忆。

第三章　记忆法进阶之学科应用篇

锯倩云绘制

《论语·子罕》：

子在川上曰："逝者如斯夫，不舍昼夜。"

译文：

孔子在河岸上看着浩浩汤汤、汹涌向前的河水说："时间就像这奔流的河水一样，不论白天黑夜不停地流逝。"

记忆方法：运用绘图法记忆。孔子站在奔腾流动的川边。左侧有一个时钟，上面画着一个太阳和一个月亮，代表"不舍昼夜"。

075

《论语·子罕》：

子曰："三军可夺帅也，匹夫不可夺志也。"

译文：

孔子说："一个军队的主帅可能被夺去，但一个普通人的志向不可能被夺去。"

琚倩云绘制

记忆方法：运用绘图法记忆。图中三个将军代表"三军"。其中一个将军拿着一幅绣着"帅"字的旗子表示"可夺帅也"。右边奔跑的小人代表"匹夫"。在他的头上有一只小手和一个叉号，表示"不可夺志也"。

练一练

请用绘图法记忆以下诗词和古文。

相 见 欢

[五代] 李煜

无言独上西楼，月如钩。寂寞梧桐深院锁清秋。

剪不断，理还乱，是离愁。别是一般滋味在心头。

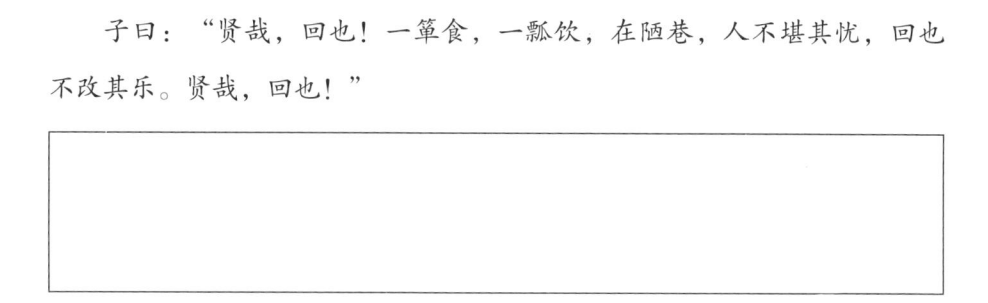

子曰："贤哉，回也！一箪食，一瓢饮，在陋巷，人不堪其忧，回也不改其乐。贤哉，回也！"

第六节 >>> 速记历史知识点

一、公式记忆

历史中的知识点有一些规律，如某个历史事件总有对应的时间、人物、地点、意义等。下面总结了一些公式，可用于全面地记住该记的内容。

历史人物=朝代+职务+作为+评价；

历史文献=作者+完成著作的时间+作品的内容+对时代的影响；

重大会议=时间+人物+内容+影响；

条约=时间+地点+身份+内容+影响；

改革=时间+人物+内容+意义；

战役=时间+双方+经过+影响。

二、数字独特性

根据年代数字的独特性，我们可以挑出有规律的历史年代进行记忆。

历史事件	数字规律
公元前525年，波斯征服埃及	5的平方正好是25
公元前383年，淝水之战	第一个数字和第三个数字相同
1818年，马克思诞生	前两个数字和后两个一样，很好记忆

三、对比记忆

在构建历史知识网络的时候,不仅要进行纵向联系,还应该关注知识间的横向联系。比如,同一年中国发生哪些大事件?同一年全球发生哪些大事件?

四、编码串联法

族群	生产生活	政权	统治
契丹族	契丹族是生活在北方的游牧民族。到9世纪后期,契丹已经有了农耕、冶铁和纺织等产业,并开始建造房屋、城邑	10世纪初,契丹族首领耶律阿保机统一契丹各部,建立政权,设都城在上京临潢府	耶律阿保机建国后,发展生产,创制文字,国力不断增强
党项族	党项族生活在我国西北地区,原属羌族的一支。唐朝时,党项族集中到甘肃东部、陕西北部一带,与中原文化的接触渐多,社会生产有所发展	11世纪前期,党项族首领元昊称大夏皇帝,定都兴庆府,史称西夏	元昊仿效唐宋制度,订立官制、军制和法律,并鼓励垦荒,发展农牧经济,还创制了西夏文字

记忆思路:

1. 提取关键性信息并转换成具体形象的图片

由契丹族联想到《天龙八部》里乔峰的样子。"生活"谐音成"生火"。9的编码是口哨。由政权联想到玉玺。10的编码是棒球。耶律阿保机可以转换成"绿色的椰子被阿姨放到保险柜锁起来,有机会再拿出来"。

2. 串联所有形象信息

乔峰在冰天雪地里生好了火,吹口哨呼唤同伴来取暖。同伴们刚刚种完地,锄头钝化,拿到冶铁铺加工。还有的伙伴刚进行完纺织和建筑房屋的工作。为了抢夺玉玺,乔峰用棒球当作武器进行攻击。阿姨怕绿椰子被打烂,将其藏到保险柜里。阿姨护住保险柜这件事被写成文字保留了下来。

3. 回忆提取并检查

练一练

请用本节提到的方法尝试记忆党项族的生产生活、政权和统治情况。

第七节 >>> 速记地理知识点

我们在第二章中学习了多种记忆方法，在记忆地理学科知识时需要灵活选用，综合运用多种方法，以达到快速记忆的目的。因此，速记地理知识点的第一步是判断记忆材料的类型。

简单的一对一信息，如单一的地理数据、"世界之最"等知识点，可以使用配对联想法记忆。下面来看几个例子。

知识点	关键词转换	联想
地球表面积为5.1亿平方公里	地球转换成地球仪；5.1联想成5月1日劳动节，进而联想到工人	工人抱着地球仪
世界最大的湖泊——里海	"里海"谐音成"厉害"，联想竖起大拇指的画面	世界最大的湖泊很厉害，给你点赞
世界最长的山脉——安第斯山脉	"第斯"谐音"的士"；"安"增字为"安排"	安排的士送你去世界上最长的山脉

一对多的信息，可以使用字头歌诀法、数字编码法、记忆宫殿法等进行记忆。下面我们尝试使用字头歌诀法来记忆。

知识点	关键词	歌诀
我国四大牧区：内蒙古牧区、新疆牧区、青海牧区、西藏牧区	内、新、青、西	内心清晰

续表

知识点	关键词	歌诀
地壳中含量最多的前八项元素：氧、硅、铝、铁、钙、钠、钾、镁	氧、硅、铝、铁、钙、钠、钾、镁	养闺女，铁盖，哪家没

练一练

请尝试速记下列地理学科知识点。

松花江全长1927千米。

世界上最大的沙漠——撒哈拉沙漠。

第八节 >>> 速记生物知识点

一、串联记忆法

人体常见内分泌腺：

胰岛、性腺、甲状腺、肾上腺、下丘脑、垂体

助记：姨（胰）姓（性）贾（甲），肾下垂。

能吸收二氧化硫的植物：

柳杉、月季、美人蕉、菊花、丁香、银杏、洋槐

助记：美人六（柳）月喝了杯坏（槐）的菊花茶，浑身痒痒，影（银）响健康，叮（丁）嘱以后要看清楚再喝。

二、字头歌诀法

八种必需氨基酸：

甲硫氨酸、赖氨酸、缬氨酸、异亮氨酸、苯丙氨酸、亮氨酸、色氨

酸、苏氨酸

提取每个词的第一个字：甲、赖、缬、异、苯、亮、色、苏。通过转换就变成：甲、来、携、一、本、亮、色、书。

串联记忆：甲（鱼）来（的时候）携带一本（颜色）亮丽的书。

三、故事串联法

生物具有的共同特征：

①生物的生活需要营养；

②生物能进行呼吸；

③生物能排出身体内的废物；

④生物能对外界刺激做出反应；

⑤生物能生长和繁殖；

⑥生物都有遗传和变异的特性；

⑦除病毒外，生物都是由细胞构成的。

记忆思路：一颗带着病毒的种子（⑦），浇水施肥（①）后，呼吸（②）新鲜空气，呼出（③）氧气，慢慢长大结果（⑤），结出新种子去种植（遗传和变异）（⑥）。主人料理新植物，忘了之前的植物，放在太阳下晒坏了（④）。

练一练

请用记忆法记忆缺乏维生素的危害。

缺乏维生素A：皮肤干燥、夜盲症等；

缺乏维生素B_1：神经炎、脚气等；

缺乏维生素C：坏血病等；

缺乏维生素D：佝偻病（少年儿童）、骨质疏松症（中老年人）等。

第九节 >>> 速记物理知识点

物理学作为一门自然科学，发展到今天已形成了自身严密而又系统的知识结构。

物理学的最终目的是要解释整个世界。它所研究的内容包含万事万物，从具体到抽象，从宏观到微观，从现象到规律，从理论到实践。学好物理需要理论联系实践，注意不同情况下的变化，形成完整的知识体系。由于物理中需要记忆的内容很多，而且有些不容易理解，运用一些记忆的技巧能帮我们提高学习的效率。我总结了一些物理学习中的记忆技巧，找了一些实例来帮助理解，接下来我们就一条一条进行讲解。

一、谐音法

谐音法在物理学习中同样可以使用，主要用于记忆一些公式和数值。例如，初中物理中的电路功率计算公式 $W=UIt$。通过谐音可以转化为：大不了，又挨踢。

有些公式很难理解或推导出来，也可以用谐音法记忆。例如，高中物理中单摆运动的近似周期公式为：

$$T = 2\pi \sqrt{\frac{l}{g}}$$

式中：T 为周期，l 为摆长，g 为当地的重力加速度。

2π 谐音为"2拍"，根号谐音为"更好"，l/g 谐音为"常触及"。想让单摆有很好的运动周期，要拍动两次（2拍），这样能更好地常触及它的运动周期。

超音速飞机的"超音速"指的是飞行速度超过声音在1个标准大气压和15℃的空气中传播的速度，约为340米/秒。联想超音速地扇（3）司令

（40）耳光，这样就能记住这一知识点。

钨的熔点是3410摄氏度，可以转化为"屋（钨）里有仨（3）死（4）尸（10）"。

二、要点记忆法

在学习物理的过程中，我们会遇到很多定理、定律，这些定理和定律的记忆肯定让很多人非常头疼，其原因还是在于记忆量太大。对于定理和定律的记忆，我推荐使用要点记忆法，就是抓住一个定理或定律中最关键的要点，通过要点推出其他内容。这样大幅减少了记忆量，对定理和定律的理解也会更加透彻。因为这不是对内容本身的死记硬背，而是包括了我们在头脑中对信息的抽象和加工。

三、口诀记忆法

口诀记忆法也就是字头歌诀法，我们对它已经不陌生了。口诀记忆法的最大好处是提升学习兴趣。物理中有很多好用的口诀，可以帮助我们记忆得更加牢固。例如，凸透镜的成像规律可以用以下口诀记忆，一旦理解透彻，将会事半功倍。

凸透镜成像口诀：

凸透镜，把光聚，成像规律真有趣；

两倍焦距分大小，一倍焦距分虚实；

二焦以外倒实小，我们用作照相机；

一二焦间倒实大，我们用作投影仪；

焦点以内正大虚，我们用作放大镜；

想得到等实像，两倍焦距物体放；

焦点之内不成像，点光可变平行光；

成像规律记心间，透镜应用法无边。

物近（远），像远（近），像变大（小）。

练一练

请用记忆法记忆三个宇宙速度。

第一宇宙速度为7.9千米/秒，第二宇宙速度为11.2千米/秒，第三宇宙速度为16.7千米/秒。

第十节 >>> 速记化学知识点

一、一般性知识

化学元素的熔点：

铁的熔点为1535摄氏度

记忆思路：使用数字编码法结合图像法记忆。1535拆分成15和35，15谐音成"一户"，35的编码是山虎。再加上铁，就可以这样想：一户人家的铁窗上趴着一只山虎。画成图像如下：

> 一户人家的铁窗上趴着一只山虎。

银的熔点为961.78摄氏度

96可以谐音成"旧炉"。1的数字编码为蜡烛。78的数字编码是青蛙。整体串联就是,在旧炉上摆了一支蜡烛烧银子,银水不小心滴到旁边的青蛙身上,疼得青蛙哇哇大叫。画成图像如下:

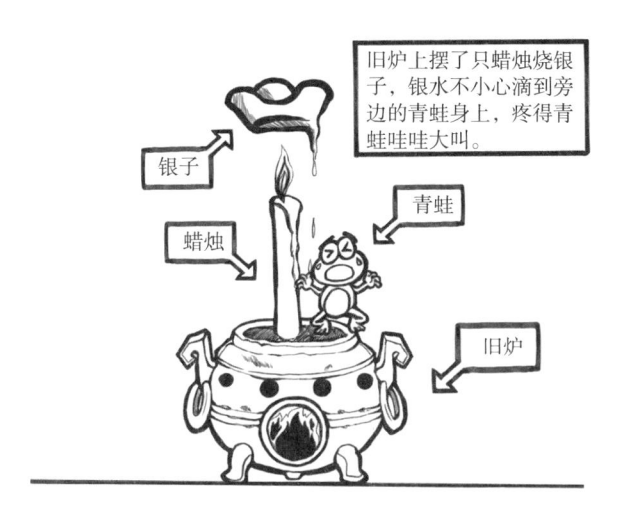

二、化学实验步骤

化学中经常做实验,那么这些实验的步骤如何记忆呢?我们用一个例子来说明。

空气中氧气含量测定的实验,主要原理是用红磷燃烧消耗密封空间里的氧气,使空间里的压强变小,在大气压的作用下,就会有水进入空间内。进入的水的体积和减少的氧气的体积是一样的。结论是,氧气约占空气总体积的21%。

实验步骤如下:

①连接装置,检查装置的气密性;

②在集气瓶内加入少量水;

③把集气瓶剩余容积五等分,用黑笔做上标记;

④用弹簧夹夹紧乳胶管；

⑤点燃红磷后，伸入集气瓶，产生大量白烟；

⑥赶紧把胶塞塞紧；

⑦燃烧结束，冷却后，打开弹簧夹。集气瓶里水面上升了约1/5。

记忆思路：对于实验步骤的记忆，最好能自己亲自操作或者现场看老师的实验演示，然后在脑中回忆步骤。如果没有这个条件，可以搜索视频或实验演示图像来对照实验描述想象操作步骤，在脑海中模拟几遍实验。然后使用歌诀法进行记忆：检气加水标夹管，点磷胶塞打开夹。根据歌诀的提示来回想每个画面。

第十一节 >>> 速记资格证考试考点

随着经济发展，各行各业的准入指标都变得越来越正规。为了应聘到心仪的岗位，或是测试自己的能力，许多在校学生和社会人士都在努力通过一些资格证考试，如教师资格证考试、注册消防工程师资格证书考试、航空服务资格证考试等。

本节我们以教师资格证考试为例，说明如何用高效记忆法提高学习效率。教师资格证有三项笔试科目：综合素质、教育知识与能力，以及学科知识与教学能力。其题型主要包括：选择题、填空题、判断说明题、简答题和论述题。对于选择题、填空题、判断说明题，我们可以使用一对一的记忆法，如配对联想法。对于简答题和论述题，我们可以使用一对多的记忆法，如字头歌诀法、标题定位法、数字编码法、记忆宫殿法、身体定位法等。

下面来看一些真题。

（1）许多成语源于我国古代著名的历史故事。下列成语故事发生在战国时期的是（　　）。

A.卧薪尝胆　　B.退避三舍　　C.秦晋之好　　D.负荆请罪

答案：D。"负荆请罪"出自西汉司马迁的《史记》，讲述了战国时期赵国廉颇与蔺相如的故事，比喻主动向人认错、道歉。

记忆小妙招：提取"战国"和"负荆请罪"两个关键词，然后进行串联记忆即可。由"战国"联想到发起战争的国家要背负重大责任，要"负荆请罪"求得其他国家的原谅。

（2）中国传统节日形式多样，内容丰富，蕴含着深邃丰厚的文化内涵，是中华民族悠久历史文化的重要组成部分。下列古诗词描写的传统节日中，对应有误的一项是（　　）。

A.春节——爆竹声中一岁除，春风送暖入屠苏

B.上元节——众里寻他千百度。蓦然回首，那人却在，灯火阑珊处

C.中秋节——暮云收尽溢清寒，银汉无声转玉盘

D.下元节——尘世难逢开口笑，菊花须插满头归

答案：D。诗句出自唐代杜牧的《九日齐山登高》，对应的是农历九月九日重阳节。该诗抒写了诗人抱负难以伸展的愁闷情怀。下元节为农历十月十五，亦称"下元日""下元"。

记忆小妙招：从"重阳节——尘世难逢开口笑，菊花须插满头归"中提取"重阳节""开口笑"和"菊花"三个关键词，再进行串联联想记忆即可。由"重阳节"联想到两个太阳。想象当天上出现两个太阳时，大家都开口笑，一同赏菊花。

（3）关于京剧艺术，下列说法错误的是（　　）。

A.京剧腔调以西皮、二黄为主，被视为中国国粹

B.昆曲是京剧的前身，表演的艺术手段主要是唱、念、做、打

C.《红灯记》《沙家浜》《智取威虎山》是现代京剧的代表作

D.2010年京剧被列入"人类非物质文化遗产代表作名录"

答案：B。徽剧是京剧的前身。

记忆小妙招：由"徽剧"联想到徽章。"京剧"谐音并转换成黄金打造的锯子。"前身"联想成前面。最后将这几个关键词串联记忆即可。想象黄金打造的锯子前端印着一个徽章。

（4）周朝统治八百载得益于什么制度？

答案：分封制。

记忆小妙招：转换抽象信息，将800拆分为8（墨镜）和00（眼镜），"周"谐音成"粥"，"分封"减字为"分"。串联：戴着有墨镜效果的望远镜给大家分粥。

（5）五经是指哪五部儒家典籍？

答案：《诗经》《尚书》《礼记》《周易》《春秋》。

记忆小妙招："诗"和"书"可以结合在一起，组成"诗书"。联想易春秋拿着一本诗书作为礼物送给了五个人。

（6）教学原则：直观性原则；启发性原则；巩固性原则；循序渐进原则；因材施教原则；理论联系实际原则；科学性与思想性相结合的原则；量力性原则。

记忆思路：

（a）简化信息。提取每句里的关键词，如直、启、巩、循、因、理、科、量。

（b）选择记忆方法。根据本题特性，选择字头歌诀法。

（c）转词。将抽象词语转换成具体形象的词语。比如，"启"转换成"起"，"巩"转换成"弓"，"循"转换成"寻"，"因"转换成"英"，"理"转换成"狸"，"科"转换成"可"。

（d）串联。直起弓寻找一英里外的狐狸，发现它很可爱，量了一下大小后放了它。

（7）班主任培养班集体的主要方法：确立班集体的发展目标；建立班集体的核心队伍；建立班集体的正常秩序；组织形式多样的教育活动；培养正确的舆论和良好的班风。

记忆思路：

（a）简化信息。提取每句里的关键词，如目标、队伍、秩序、教育活动、班风。

（b）选择记忆方法。根据本题内容的长短，选择标题定位法。这个简答题一共有五句，将从每一句中提取的关键词和标题串联。在标题"班主任培养班集体的主要方法"里选择"培养班集体"这五个字作为文字桩。

（c）转词。将抽象词转换成形象词。比如，用一个箭靶替换目标，用上课替换教育活动，用班级吹进一股凉风替换班风。

（d）串联。按照顺序将每句里的关键词挂钩到文字桩上。

第一句里的"目标"和第一个字"培"进行串联：培训射中靶子。

第二句里的"队伍"和第二个字"养"进行串联：供养队伍。

第三句里的"秩序"和第三个字"班"进行串联：班上的秩序挺好，大家很安静。

第四句里的"教育活动"和第四个字"集"进行串联：集体在一块儿上课。

第五句里的"班风"和第五个字"体"进行串联：身体感受到班级吹进一股凉风。

第十二节 >>> 速记生活资讯

进入AI时代，很多机械性工作被AI机器人所取代，我们要如何提升自己的综合实力，形成创造性思维呢？

"巧妇难为无米之炊"，如果没有知识储备，怎么能锻炼出创造性思维？有人说："为什么要训练记忆力？登上互联网，需要什么信息都可以搜到。"实则不然，如果我们大脑里没有相对应的基础知识，面对扑面而来的海量信息，也只是单纯浏览而已，这些信息无法给我们提供任何帮助。

就好像小学生看大学课本，里面每个字都认识，连在一起就读不懂了。大脑里得预先留存相关信息，接着才能借此处理相关的资讯。

那么，如何用记忆法速记生活资讯呢？下面以车为例，讲述如何应用记忆法记忆生活中的零碎信息。先来一个练一下：

这个车标有什么特征呢？

车标上有BMW三个英文字母，正好是"别摸我"的拼音首字母，把这个转换后的中文跟宝马的形象做一个串联就可以了。这匹宝马脾气不好，好像在说"别摸我"。

对于相似的信息，我们要对比着记，这样省时省力。就像下面两个车标，仔细观察一下，它们有什么不同呢？

第三章　记忆法进阶之学科应用篇

法拉利　　　　保时捷

保时捷的马好像有六把钢刀守护着。你可以这样想，宝石（保时）出现时必定要有武器守护。法拉利可以谐音为"马拉力"，马非常卖力地拉。你记下来了吗？

我们看这个车标像不像海王的三叉戟呢？太像了，是不是？

那么，玛莎拉蒂如何和三叉戟联系在一起呢？海王拿着三叉戟，吃着萨其马，拉着弟弟。

兰博基尼和牛又如何联想在一起呢？牛在抢夺兰花的搏（博）斗中居

091

然穿着比基尼。

劳斯莱斯如何和双R联想在一起呢？"劳斯"可以谐音为"老师"。老师今天来教我们撕纸，撕两个R。

布加迪如何与BUGATTI联系在一起呢？BU是"不"的全拼。GA谐音"加"。TI是"迪"的全拼。你记住了吗？

第四章
记忆法进阶之竞技篇

★ 第一节　记忆运动
★ 第二节　记忆竞技技术揭秘
★ 第三节　五大核心思维
★ 第四节　问与答

第一节 >>> 记忆运动

一、世界记忆运动简介

1991年,世界大脑先生托尼·博赞和英国首位国际象棋大师、大英帝国勋章获得者雷蒙德·基恩一起,在英国伦敦的雅典娜俱乐部,举办了第一届世界记忆锦标赛。只有七位记忆爱好者参加了第一届比赛,但这届比赛犹如星星之火,终以燎原之势将记忆运动推向世界舞台。

记忆运动是指在遵循大脑生长发育规律、神经和心理活动规律的基础上,通过学习、训练和竞技比赛等方式达到提升记忆力和思维能力的活动。

有别于其他体育运动,记忆运动是一项全民的运动,不论年龄、性别、身体健全与否都可以参加。

二、世界记忆锦标赛介绍

世界记忆锦标赛(World Memory Championships)是由"世界记忆之父"托尼·博赞于1991年发起,由世界记忆运动理事会组织的世界最高级别的记忆力赛事。

世界记忆锦标赛颁发国际认可并世界通用的"世界记忆大师"证书,大赛的世界纪录直接记入吉尼斯世界纪录。该赛事已在英国、美国、德国、墨西哥、新加坡和中国等国家成功举办了30届,有力地推动了世界脑力运动事业的发展,促进了脑力运动成果在世界各国的交流推广。

世界记忆锦标赛挑战人类记忆的极限,设有十个比赛项目,分别为:

二进制数字（Binary Digits）、虚拟事件与日期（Dates）、随机扑克牌（Hour Cards）、随机数字（Hour Digits）、抽象图形（Picture）、随机词语记忆（Random Words）、快速扑克牌（Speed Cards）、快速数字（Speed Numbers）、听记数字（Spoken Numbers）、人名头像（Names & Faces）。

三、如何成为记忆大师

1. 国际记忆大师（International Master of Memory，IMM）

（1）完成世界记忆运动理事会算入IMM成绩的十个项目的全部比赛。

（2）在当年算入IMM成绩的比赛中，总分达到3000分。

（3）1小时内正确记忆14副（728张）扑克牌。

（4）1小时内正确记忆1400个随机数字。

（5）40秒内正确记忆1副扑克牌。

如果你同时达到以上5点，就会获得像高隽老师这样的证书了。

后三项要求可以在多次比赛中达到，最后一项要求可以在任何世界记忆运动理事会认可的锦标赛中达到。由于1小时的项目仅适用于世界记忆锦标赛全球总决赛，因此第3和第4项要求必须在总决赛中才能达到。

2. 特级记忆大师（Grandmaster of Memory，GMM）

在世界记忆锦标赛全球总决赛上，总分达到5500分且排名前五位，而且之前未被授予过"特级记忆大师"称号的选手,将被授予这一称号。

3. 国际特级记忆大师（International Grandmaster of Memory,IGM）

在世界记忆锦标赛全球总决赛上,比赛总分达到6500分的选手,可以获得"国际特级记忆大师"的称号。

目前获此殊荣的记忆大师全球仅有39位。

4. 亚太记忆大师（Asian Master of Memory,AMM）

在亚洲记忆运动会、亚太记忆锦标赛中达到标准,还会被授予"亚太记忆大师"证书,标准如下：

（1）30分钟随机数字原始成绩超过700分（包含700分）。

（2）30分钟记忆7幅扑克牌,即原始分数超过364分（包含364分）。

（3）70秒内记忆1副完整的扑克牌。

（4）15分钟随机词汇,原始分数超过110分（包含110分）。

（5）15分钟人名头像原始分数超过60分（包含60分）。

（6）累计积分4000分及以上（世界记忆运动理事会国际赛制标准）。

5. 认证记忆大师（Licensed Master of Memory,LMM）

"认证记忆大师"是世界记忆运动理事会颁发的记忆技能水平的认证,达到标准即可获得相应等级的证书,一共设为10个等级,级别越高,要考核的项目也就越多,难度逐级递增。

获得"认证记忆大师"称号的门槛较低,容易达标,且考级活动开展较为频繁,感兴趣的小伙伴可以搜索"世界脑力锦标赛"微信公众号进行咨询。

记忆大师的认证考级比较适合初学者,可以帮助初学者积累比赛经验,增加记忆信心,为参加"世界记忆锦标赛"做热身准备。以下是"认证记忆大师"10级的分数标准。

水平等级	1级	2级	3级	4级	5级	6级	7级	8级	9级	10级
15分钟词汇	20	25	30	40	50	60	70	80	90	100
15分钟数字		40	60	80	100	120	140	160	180	200
5分钟事件与日期			6	8	10	12	14	16	18	20
5分钟快速数字				20	30	40	50	60	70	80
5分钟快速扑克牌					10	20	30	40	50	52
10分钟随机扑克牌						1整副	65张	1.5副	91张	2整副
5分钟二进制数字							190	220	250	280
60秒听记数字								20	30	40
15分钟抽象图形									75	100
5分钟人名头像										20

第二节 >>> 记忆竞技技术揭秘

一、数字记忆

1. 二进制数字

如何记忆二进制数字呢？

首先我们要将二进制数字转换成十进制数字：

二进制转十进制表

二级制	000	001	010	011	100	101	110	111
十进制	0	1	2	3	4	5	6	7

接着就可以按照记忆十进制数字的方法进行记忆了。

比如我们要记忆"000110110000"，首先要将它转成十进制0660。

06的编码是勺子。60的编码是榴梿。我们把两个编码串联在一起就是，用勺子挖榴梿吃。

在正式记忆中，要提高记忆效率，一要压缩二进制数字转换成数字编码的时间，二要压缩数字编码两两连接的时间，三要提升记忆一遍的正确率。在保证正确率的前提下，不断压缩记忆的时间。比如，我们记忆120位二进制数字，尽量压缩至30秒，记忆240位则压缩至60秒。

具体训练方法：

其一，想要在短时间内突破二进制这个项目，可以加大两两相连的数量，每次训练不得少于五页，一天训练二十五页以上。

其二，每天自测一次五分钟二进制项目。建议播放裁判口令的音频或视频，让自己迅速进入比赛的氛围里。

其三，二进制数字这个项目无非随机数字的变形，所以想要提升这个项目的整体成绩必须要提升记忆随机数字的水平。最好在五分钟随机数字项目训练到200个以后再来训练二进制数字比较稳妥。

2. 听记数字

目标：尽量记忆和回忆听到的数字。

时间	城市赛	中国赛	世界赛
记忆时间	第1轮100秒 第2轮300秒	第1轮200秒 第2轮300秒 第3轮450秒	第1轮200秒 第2轮300秒 第3轮450秒
回忆时间	第1轮5分钟 第2轮15分钟	第1轮10分钟 第2轮15分钟 第3轮20分钟	第1轮10分钟 第2轮15分钟 第3轮20分钟

3. 马拉松数字

目标：尽量记忆更多的随机数字（1、3、5、8、2、5等），并正确回忆起来。

时间	城市赛	中国赛	世界赛
记忆时间	15分钟	30分钟	60分钟
回忆时间	30分钟	60分钟	120分钟

其一，增加一次性记忆量。一次性记忆的数量也叫记忆单位。单位很重要，马拉松数字最好能练到360个数字为一个单位，这样才有条件变换复习的策略。经常有新手问马拉松数字项目选择什么策略比较好，问这个问题的前提是有选择策略的余地。其实对于新手来说，马拉松数字基本只能以120个随机数字为单位进行复习，如果调至以240个数字为单位进行复习，复习的速度会非常慢，效率很低。一般来说，马拉松数字的复习宽度是小于等于快速数字的。比如，快速数字能记到240个，那么马拉松数字就能以120个或240个为单位进行复习。以120个数字为单位进行复习的好处是速度快，可以使记忆量最大化；不好的地方在于有可能在总复习的时候毫无印象。所以选手应该根据自己的记忆持久性来制定策略，一定要多尝试复习策略。

其二，正确率为王。马拉松数字项目的正确率比速度重要，因为马拉松记忆项目中几乎不存在瞬时记忆，所以为了保证图像的持久性，我们宁可让速度慢一些，把图像放稳。

其三，记忆持久性很重要，没有记忆持久性支撑的正确率没有意义。只用一遍记住信息，可以提升记忆保存的持久性。

其四，记忆速度。第一遍记忆的速度是最慢的。第一遍的记忆质量直接影响了复习速度和最终的正确率，因此，如果能保证第一遍正确率非常高，那么在第二遍复习的时候，速度就会非常快，从而从整体上压缩了时间。有的选手为了冲速度，喜欢第一遍记得非常快，结果第二遍复习时非常卡顿，这样不仅记忆质量差，而且耗时并没有少多少，这会非常影响自信心。第一遍的记忆质量来源于我们平常的一遍过基本功训练。

其五，每个月检测自己马拉松数字和快速数字的成绩是否匹配。有的选手快速数字成绩非常好，但是马拉松数字项目表现不佳，这就是典型的快速数字和马拉松数字不匹配。一般而言，快速数字达到200个时，马拉松数字就应该达到1000个。马拉松数字表现不好的原因在于记忆持久性差，没有留下回忆线索。在马拉松数字项目中，连接不能像在快速数字中那么简洁，在不影响记忆节奏的情况下可以多留一些回忆线索。

二、人名头像

1. 比赛规则

目标：在规定时间内记忆人名和头像，并在回忆时将人名跟头像正确搭配，记得越多越好。

时间	城市赛	中国赛	世界赛
记忆时间	5分钟	15分钟	15分钟
回忆时间	15分钟	30分钟	30分钟

2. 记忆方法

前文中，大家学到了如何用记忆宫殿法记忆数字、词汇……我们知道"记忆宫殿"非常神奇，可以让人将厚厚的一本书都背下来，甚至达到正背、倒背、点背都信手拈来的水平。记忆宫殿法是所有的世界记忆大师，包括《最强大脑》《挑战不可能》里的记忆类选手都会采用的方法。

那么，人名和头像如何和地点挂钩呢？举个例子：

达维那 加的斯

看到这个女子，你会联想到哪个场景呢？由印度女子，我会联想到印度舞娘，进而联想到舞娘跳舞的舞台。

你可以想象这位印度美女所处的位置——舞台，再和她的名字相结合,"达维那"转换成围着哈达的维纳斯,"加的斯"转换成快马加鞭超过一辆的士,整体串联一下就是,围着哈达的维纳斯女神快马加鞭超过一辆的士,目的是赶快到舞台进行表演。

再看这个例子:

塔哈尔卡 卡德尔

这个人给我的第一感觉是富有。我想到曾看过富有的沙特阿拉伯人养猎豹、开豪车的新闻,于是将他的名字与车和猎豹的图像联系起来。

"塔哈尔卡"转换成铁塔笑哈哈地说:"看你耳朵卡住了吧!""卡德尔"转换成卡得耳朵一动也不动。你可以引入猎豹的形象,想象猎豹的耳朵被拉着的绳子卡住了。

3. 编码

数字有编码,这样记得快,那人名有没有编码呢?当然有了。人名分为单字编码和多字编码。

(1)单字编码。

常见字	编码	你的想法
阿	阿童木/阿姨/啊	
埃	埃及艳后/金字塔/挨打/矮/叹气	
艾	艾草/爱/哀伤	
安	保安/安东尼·罗宾/按马鞍	
奥	奥特曼/奥利奥/奥运会	
巴	爸/包/尾巴/一巴掌/巴士	

续表

常见字	编码	你的想法
柏	伯伯/柏树/白色	
班	班长/搬/雀斑/高中教室	
贝	贝壳/贝克汉姆	
比	笔/芭比娃娃/比基尼/匕首	
波	波浪/菠萝/剥皮/暗送秋波	
布	布什/布/红盖头/不	
查	检查/插	
达	郭达/打/雷达	
戴	戴安娜/戴（帽子）	
黛	黛玉/袋子	
丹	丹顶鹤/挡/仙丹/炼丹炉	
登	瞪/灯/登陆	
迪	迪士尼/迪克牛仔/笛子	
蒂	烟蒂/皇帝/递/头很低	
杜	阿杜/杜鹃/肚子	
多	许三多/鲜橙多	
恩	摁秒表/点头/嗯	
尔	耳/木耳	
法	法国铁塔/罚/头发	
费	费翔/浪费/肥	
夫	老夫子/夫人/扶/舒肤佳	
弗	佛/狒狒/飞	

看到一个字，脑海里第一个蹦出来的图就是最好的图，记下来即可。一个字需要有多个编码。

（2）多字人名编码系统。

常见人名	参考编码	你的想法
阿吉	阿童木弹吉他	

续表

常见人名	参考编码	你的想法
阿比盖尔	阿童木把笔盖夹在耳朵上	
阿加莎	阿童木穿袈裟	
阿妮塔	阿童木用泥做塔	
阿曼达	阿凡达吃馒头	
埃伦	埃及金字塔长着轮子	
埃塞尔	埃及金字塔塞进耳朵	
埃莉	埃及金字塔上的茉莉	
埃莉诺（拉）	埃及金字塔上的茉莉落（啦）	
埃娃	埃及金字塔上坐着娃娃	
埃米	埃及金字塔是用米堆成的	
埃米莉	埃及艳后吃米粒	
埃玛	埃及艳后吃萨其马	
埃尔西	埃及艳后洗耳朵	
艾丽斯	艾丽斯漫游奇境	
艾丽森	艾丽斯在森林	
艾林	艾薇儿在树林	
艾琳	艾薇儿打铃	
艾维	艾薇儿喝维维豆奶	

4. 注意事项

其一，人名头像的编码一定是自己定义的，我提供的仅供参考。编码可以灵活使用，比如"阿"可以定义为"阿童木"或是"阿姨"。加大训练量可以提高熟练度。

其二，在人名头像这个项目中要注意两个转化速度。第一，加快特征提取速度，如首饰、衣服、头发……在平常练习的过程中也要觉察自己对哪些特征的记忆比较好，对哪些特征的回忆效果较差，不断对自己的错题进行分析与总结；第二，提升名字的转换速度。

其三，熟人法，将人物与自己以前见过的明星或生活里的熟人挂钩，再跟文字性信息相串联。想要提升熟人法的运用效率，可以尝试制作明星或熟人编码，提前背熟人物编码，从而减少联想的时间，提升记忆效率。

其四，不断变换复习策略。想要提升这个项目的成绩，一定要多试错。比如以前只记一遍，现在改为记忆两遍。通过不断尝试，找到最适合自己的复习频率。

其五，首字定桩法。将人物名字的第一个字作为文字桩，跟后面的文字和人物的特征相结合。

5. 训练策略

其一，最小单位反馈。一行一记，把时间压缩在60秒内，如果能够全对，直接训练三行一记。如果一开始就训练一次记一面，单次记忆的时间过长，速度就提不上来，而且等待反馈的时间也比较长。如果能通过比较小的训练量去找到自己的易错点，反馈效率就会提高很多。

其二，突破阶段，一次训练至少记3页。有的选手在突破阶段也只是不疼不痒地练2页就转向别的项目，这是非常错误的做法。人名头像是非常灵活的项目，而灵活的项目必须用大量的训练量减少不可控因素带来的影响，才可以把速度提上去。2页只是热身的记忆量，3页才是最基础的突破量，如果想突破更多，应该训练4~5页。

6. 比赛策略

5分钟比赛时长，一共复习2~3遍。

15分钟比赛时长，一共复习3~4遍。

三、扑克牌记忆

1. 扑克牌编码

注意：在世界记忆锦标赛的扑克牌项目中，一副扑克牌52张，不包括大王和小王。

如何记住一副打乱顺序的扑克牌？

首先要对扑克牌进行编码。前文中，我们曾对数字和英文进行编码，而扑克牌的编码应用了相似的原理。我们知道，扑克牌有4种花色，每种花色有13张，因此我们先将花色和数字分开编码。

黑桃有一个尖端，转换成1；红桃转换成2，因为红桃像爱心一样有两瓣；梅花有三片叶子，转换成3；方块有四个角，转换成4。你记住了吗？太棒了！

扑克牌的点数是1~10、J、Q、K。我们把J转换成5，Q转换成6，K转换成7，而10只取0。对于某一张牌，如果点数为1~10，就把花色对应的数字放在十位数，把点数放在个位数，如黑桃3转换成13。如果点数为J、Q、K，也就是人物牌，我们就把花色对应的数字放在个位数，如黑桃K转换成71。到这一步，我们就将扑克牌都转换成数字了。下一步就是将这些数字进一步转换成编码，如红桃J转换成52，对应的编码是鼓儿。

这样就编码好了。熟练这一转换之后，一看到红桃J脑中就反应出鼓儿的画面。你明白了吗？赶紧拿一副扑克牌试试吧！

2. 连续记忆扑克牌

想要拿到记忆大师的称号，或者想要打破扑克牌项目的世界纪录，还是要使用记忆宫殿法哦！

具体如何记呢？我们用一张卧室的图片来举例子。按照顺时针的顺序依次找到四个地点，分别是1号地毯，2号床头柜，3号床，4号飘窗台。

第一个地点是地毯，要在这个地点上记忆的扑克牌为方块J和红桃J。方块J的编码是武士，红桃J的编码是鼓儿。将两个编码与地毯联系起来，你可以这样想，武士一刀劈开了放在地毯上的鼓儿。

第二个地点是床头柜，要在这个地点上记忆的扑克牌为黑桃4和方块2。黑桃4的编码为钥匙，方块2的编码是柿儿。钥匙和柿儿最简单直接的联系方法就是做破坏，所以我们联想床头柜上钥匙插柿儿就可以了。

第三个地点是床，要在这个地点上记忆的扑克牌为梅花A和梅花K。梅花A的编码为鲨鱼，梅花K的编码为花旗参。我们可以这样联想，鲨鱼在床上撕咬花旗参。

第四个地点是飘窗台，要在这个地点记忆的扑克牌为红桃K和方块A。红桃K的编码为企鹅，方块A的编码为蜥蜴。我们可以这样联想，企鹅在飘窗台上猛踩蜥蜴。

将这些编码放在地点上的图像如下所示：

注意事项：

<u>两两相连后放在地点上即可</u>。将要记忆的信息放在地点上即可，不需要额外再编码故事。

<u>记完一遍后立刻回忆</u>。趁热打铁，记住后赶紧在脑海里根据记忆宫殿的顺序回忆每一个地点上曾经发生过什么，进而想起记忆的信息。这里要提醒大家，刚开始学习记忆宫殿这个方法的时候，切忌不停回头看。从第一个地点往后记忆十个地点再停下，不要随意停下复习，否则检测出的记忆效果是掺杂水分的，有可能将自己的问题给掩盖掉了，所以千万不要频繁回头复习，训练自己只记一遍就可以全对的能力。

<u>距离适中</u>。寻找记忆宫殿中的地点时切记距离要适中，不能太远，也不能太近，如果两个地点之间相隔太远，势必会浪费从一个地点转移到另一个地点的时间，太近的话，回忆的时候有可能会漏掉地点。

<u>大小适中</u>。寻找的记忆地点不能太小，比如，一支笔就是不合适的地点，随便放一些需要记忆的信息就会将地点本身给遮挡住了。太大也不合适，比如，在户外找一架拱桥作为地点也是不适合的，地点太大，你要放在地点上记忆的信息也要变大，这无疑增加了想象的负担，增加了记忆的时间，得不偿失。

<u>顺序</u>。有的同学习惯性按逆时针顺序寻找记忆宫殿，这是没有任何问题的。只不过你要从一而终，一直都按逆时针顺序，不要这几组地点是顺时针，下几组地点又是逆时针，无形中增加了记忆的负担。特别是在马拉松项目中，需要用到的地点相当多，变换地点顺序会浪费复习地点的时间。

<u>尽量不找悬空的地点</u>。比如，最好不要找电视机、窗户、门、壁画等地点，因为在现实生活里，这些地点上不能放东西，即使在想象的世界里，你也要将"放"在上面的物品加工为悬空状态，这样浪费了时间不说，还降低了正确率。

3. 基本功训练

其一，最小单位训练。初学者在最开始训练时可以以20张扑克牌为一个单位，也就是一次记忆40个数字，这样训练起来压力不大。

其二，训练自己的极限反应速度。初学者应该做的就是大量地读牌和连接，把反应编码的时间压缩到最短，这样就可以很快提升速度，把记忆一副扑克牌的时间控制为2分钟，甚至1分钟。

其三，训练单遍记忆的正确率。初学者在训练时就要练习单遍记忆正确的能力，不要指望着通过复习刷正确率。在进行测试的时候，一遍往往很难记对，那就改为记忆两遍。

其四，提升训练效率，不要用还原牌。初学者在训练时千万不要用还原牌去还原，一来速度非常慢，效率很低，二来会形成依赖感，会潜意识默认自己推测出来的牌也算对的，而如果是直接写在训练本上，错的地方用红笔明显标出，以后就不容易重复错误。这个原则适用于所有非高手水平的选手。

4. 快速扑克牌

目标：尽量以最短的时间记忆一副52张的扑克牌。

时间	城市赛	中国赛	世界赛
记忆时间	≤5分钟	≤5分钟	≤5分钟
回忆时间	5分钟	5分钟	5分钟

（1）初学者如何上手？

初学者在练习快速扑克牌项目的时候可以从半副练起，这样相当于记忆52个数字，刚好可以和40个数字匹配着训练。初学者应该做的就是大量地读牌和连接，尽量压缩反应编码的时间，这样就可以很快提升速度，把记忆一幅扑克牌的时间压进3分钟甚至是2分钟。初学者平时在训练时练习一遍，在自测时一遍往往很难记对，那就记两遍。

（2）初学者如何快速读牌，形成直映（看到牌直接反应出编码）？

在此介绍的是螺旋读牌法，将52张牌分4个批次熟悉，每一批13张同花色牌，逐个突破。具体来说，在熟悉每个花色的13张牌时，可以按顺序熟悉三张牌，再从头熟悉这三张牌，然后熟悉后三张牌，熟悉完，再复习一遍，依此类推。最后一组是四张牌。完成这13张牌的熟悉后，整体再熟悉，挑出不熟悉的几张用同样的方法继续熟悉。

（3）初学者如何进阶？

不同水平的选手记忆一副牌的时间如下表所示。

初学者	中水平	中高水平	高水平
>100s	60~100s	30~60s	<30s

对于中水平选手来说，在快速扑克牌这个项目中，一般第一轮选择记2遍保稳，第二轮可以选择记一遍。想要继续提速，就要练习只记一遍的能

力，同时大量连接，让记忆速度不断接近连接速度。

到达中高水平后，可以采用循序渐进的方式训练，让数字记忆水平带动扑克记忆水平提高。如果想要突破，同样可以大量连接，但是此时应该以提升正确率为主，不要再冲速度，否则会出现"飘图"情况，非常影响马拉松扑克项目的发挥。练到这个水平时，可以开始用2副一遍的策略训练。如果平常总能在2分钟以内接近全对地记忆一副牌，那么说明你记忆扑克牌的正确率是有保障的，你将会体验到一种自信心，不需要在还原牌时去推测。这个水平的选手可以选择在快速扑克牌项目的两轮中都只看一遍。

高水平选手一定要注意快速扑克牌和马拉松扑克牌两个项目的水平是否匹配。如果平常快速扑克牌可以稳定在30秒之内的话，马拉松扑克牌至少要记25副，不应更低。事实上，当快速扑克牌稳定在35秒以内时，在马拉松扑克牌项目中记到27副是没问题的，所以对于快速扑克牌在30秒以内的选手，应该力争马拉松扑克牌记忆28副以上，这样才算匹配。那为什么会出现快速扑克牌很强，但是马拉松扑克牌很差的现象呢？因为这类选手在将快速扑克牌练到60秒以内的过程中没有注重马拉松扑克牌的训练，只是一直冲速度，结果图像越来越"飘"。推牌会形成一种肌肉记忆，这种肌肉记忆会迁移到马拉松扑克牌的推牌当中，所以他们在马拉松扑克牌项目中也会自然而然地"飘"起来，这就导致正确率和记忆持久性都很差。真正很稳健地练上来的选手，他们虽然推牌也很快，但是记忆图像是很扎实的，所以他们在马拉松扑克牌项目中的表现也会比较好。

关于快速扑克牌的自测：时常有选手在私下测试时快速扑克牌20多秒全对，但是在赛场上往往达不到这个水平，这是什么原因呢？因为他们在自测时没有模拟比赛的感觉，只是以一种非常轻松的状态去记，这又怎么可能保证在赛场的高压之下一定全对呢？平时测试时可以两轮都只记一遍，但是比赛你还敢吗？如果没有对自己实力的绝对自信，恐怕就算第一轮是记一遍，也很难发挥出平常一遍的速度，那就和两遍没有任何区别了。所以平时除了练习基本功，在模拟自测时，也要想象自己身处世界大赛上，要在两轮测试间定生死，这时候你发挥出来的实力就是你真正的实力了。给自己施压时，记忆速度会明显慢很多，但不断地强化之后，速度就可以保证和在放松状态下一致。

5. 马拉松扑克牌

目标：尽量记忆和回忆多副扑克牌的顺序。

时间	城市赛	中国赛	世界赛
记忆时间	10分钟	30分钟	60分钟
回忆时间	30分钟	60分钟	120分钟

其一，正确率比速度重要。在马拉松记忆项目中，为了保证记忆图像的持久性，我们宁可速度慢一些，把图像放稳。

其二，第一遍一定要记好。第一遍记忆的质量直接影响了复习速度和最终的正确率，如果能保证第一遍正确率非常高，那么在第二遍复习的时候，速度就会非常快，从而整体上提升了效率。有的选手为了冲速度，喜欢第一遍记得非常快，结果第二遍复习时非常卡顿，这样不仅记忆质量差，而且耗时并没有减少，会非常影响自信心。第一遍的记忆质量来源于我们平常的基本功训练——训练单遍记忆的正确率。

其三，没有持久性支撑的正确率没有意义。马拉松扑克牌要求记忆的持久性，有些选手记得很快、很准确，但是很快就遗忘了，这样在实际竞赛中同样拿不到分数。持久性差的选手可以通过练习记忆宽度来提升成绩，即一次练习多副扑克牌，这样即使部分忘记，也可保证分数。而且，当宽度拉开后，你会不得不在记忆时把连接想得具体一些，这样回忆的线索就会更多，对马拉松项目很有帮助。

其四，马拉松扑克牌最好能练到3副牌一遍全对。只有练到3副一遍全对，在竞赛时才能看两遍稳定全对，再进行总复习，这时就不会有很卡壳的感觉（一般来说，马拉松项目都需要总复习）。如果只是练到2副牌一遍全对，3副牌看两遍无法保证全对。

四、抽象图形记忆

目标：尽量多地记忆抽象图形，并于回忆时将每行的正确次序标注出来。

时间	城市赛	中国赛	世界赛
记忆时间	15分钟	15分钟	15分钟
回忆时间	30分钟	30分钟	30分钟

一行5个抽象图形，如下列示意。

其一，训练快速将抽象图形转成数字编码的能力。通过大量反应和连接编码进行训练。

其二，训练一遍记忆的能力。初级水平，一页一遍，1分钟以内，稳定全对；中级水平，三页一遍，3分钟以内，稳定全对；中高级水平，六页一遍，7分钟以内，稳定全对；高级水平，十二页一遍。自测的指导思想就是练一遍，平均记忆一页不能超过1分钟。刚开始时千万不要记两遍，因为一旦你习惯记两遍，后期想要记一遍就会很困难。"这么多页怎么可能只记一遍？"这种畏难心理会让你不战而败。而如果你一开始就练一遍，以后练两遍就会很自如，正确率也会很高，只要提高速度就行，而速度是可以靠训练量提高的。

其三，测试时可以记两遍。记一遍或两遍都可以破纪录，但记一遍可能可以创造更高的纪录。

其四，短期内大量重复突破，不要细水长流。突破期至少连接3套以上。

五、虚拟事件记忆

目标：尽量多地记忆历史／未来事件的年份，并于回忆时将其写在相关事件的前面。

时间	城市赛	中国赛	世界赛
记忆时间	15分钟	15分钟	15分钟
回忆时间	30分钟	30分钟	30分钟

下面是2007年世界记忆锦标赛的虚拟事件与日期项目的题目节选：

序号（Number）	日期（Date）	简体中文（Simplified Chinese）
1	1428	新的化学元素被发现
2	2073	由于安全恐慌药物被收回
3	1879	皇帝坟墓被考古学家挖掘
4	1562	戏剧在第一场表演后就结束了

在答卷中，虚拟事件的顺序会被打乱，选手需要填出虚拟事件对应的时期。例如：

序号（Number）	日期（Date）	简体中文（Simplified Chinese）
1		戏剧在第一场表演后就结束了
2		由于安全恐慌药物被收回
3		新的化学元素被发现
4		皇帝坟墓被考古学家挖掘

其一，提前预热大脑。从城市赛至中国赛再到世界赛，比赛的时间都是5分钟，时间非常短，要想在短时间内找到冲刺的感觉，必须提前预热你的大脑。如果是采用地点法的选手，可以在心里模拟一下各个位置。比如，10在哪里，是什么，15在哪里？这样可以让自己的大脑提前进入活跃的状态，等裁判发令时就可以第一时间开始记忆了。

其二，总结关键词。把答错的关键词写在电子笔记本上。这样只需要搜索关键词即可，提升效率。关键词要选取名词和形容词，人物编码是下下策。要多积累类似的关键词编码。例如，以人物对应的物品作为关键词编码：保安—电棍，警方—警帽，农民—锄头，村长—草帽，记者—话筒等。

其三，节奏感。虚拟事件与日期这个项目前期靠反应，后期靠节奏，因此场景和数字编码以及关键词转图的速度要提起来。将一个记忆项目比作一个大颗粒，其中包含许多小颗粒，一个小颗粒就是一种训练内容。将每一个小颗粒训练到极致，这样多个颗粒联动起来的时候就不会慢了。比如，反应场景。10对应的场景是什么？你能立即反应出来吗？你可以尝试制作模拟试卷，每四个数字为一组，看到前两个数字立刻在脑海里转成场景，训练自己反应场景的速度。以20组数字为一个单元进行训练，将转图的时间压到极致，也就是缩短到不能更少为止，然后训练40组数字为一个单元，再压缩时间。再如，刻意训练自己看到后面两个数字出图的速度。不要小看这项训练哦！很多选手觉得读数（转图）是初学者才要训练的，熟练后看到数字直接拿起来记即可，殊不知，将每一个小颗粒训练到极致才是在大颗粒项目中取得显著进步的捷径。这样训练起来，得到反馈的速度很快，效率就提高了。最后就是提取关键词的速度了，即看到虚拟事件描述后要迅速提取关键词。现在我就以世界记忆锦标赛真题为案例为大家讲解一下。

日期（Date）	事件（Event）	说明
1682	化学家发现新元素	这句话里可以提取化学家作为关键词，用一个正在做实验的化学家替换一下
1079	生日会供应咖喱蛋糕	这句话里有几个词都可以选，如生日会、咖喱蛋糕，这个时候只用选一个最有感觉的词即可

小贴士：提取的关键词一定是很好转成具体图片的词语，这个词可以出现在最前面，也可以出现在中间，还可以出现在最后。有的同学问："可不可以不提取关键词，直接理解这句话的意思后转成具体的图像呢？"当然是可以的，只不过，太耗时了。用这种方法记一个事件，其他选手可以记三个了，所以效率不高。从另一个角度来说，对于比较简短的句子（≤6个字），出整句话的图会更具体一些，如果只出其中某个名词的图像的话，可能会导致只记得这个图像，而忘了这句话，答题时就无法匹配上了。所以短句子的信息量比较小，出整句话的图会好一些。

其四，刻意提升记忆难度。当你一次性记忆完80个数字后，再回头记40个数字一次，明显会提速不少，因为你的大脑已经适应了更大的记忆负荷。这个方法也适用于急于突破瓶颈期的选手。

其五，多进行自我测试。比如，听着"世界记忆锦标赛"的真实比赛口令进行模拟测试，这样更有身临其境的感觉，更有利于自己在真实考场上的发挥。这一环节主要锻炼的是选手的胆量以及临场应变的能力。

其六，分析错误，不要错了就过了。要么就得到，要么就学到，不能让每一次花时间换来的结果付诸东流。不要带着抵触情绪看自己错误。当自己错误率比较高的时候，可能会产生自我怀疑：我到底是不是搞记忆的料啊？是不是人家都很厉害，只有我不行？真的大可不必。先把情绪放下，调整好状态再开始训练，到最后，参考训练的不是你自己，而是一个没有任何感情的记忆机器人就对了。

其七，找到心流的感觉，即使是自测也不要看时间，打断心流。切记，虚拟事件与日期这个项目的记忆时间只有5分钟，而且只有一次机会，一定要大量练习，多自测，找到瞬间爆发的感觉，并将这种一路记下来的心流感觉记下来。千万不要想着"刚刚的内容我有没有记住"，然后回看一下，没有这个必要。5分钟的记忆项目其实是需要一些瞬时记忆的，所以完全不用担心。另外，答题时还会给你看后面的一句话，所以更不用担心记不住了。

其八，答题。写答案时，先把已知的找到，然后在地点上看图，再找一次。没有打交卷铃，就不要提前交卷。写完答案一定要仔细检查2遍。一看有没有出现笔误的情况；二查有没有把答案同时写在两个空里；三想故事、逻辑、触觉和直觉的记忆线索；四回忆编码和关键词的接触点。

其九，一些小窍门。例如，连接要生动、有趣、激烈以及顺畅。在做自我测试或实战比赛时，如果遇到杂念，可以重复默念一个音，如"一"，使自己更为专注。当然，你可以选择默念任何单字的音。

六、随机词语记忆

目标：尽可能记忆更多的随机词语（如狗、花瓶、吉他等），并正确地回忆出来。

时间	城市赛	中国赛	世界赛
记忆时间	5分钟	15分钟	15分钟
回忆时间	15分钟	30分钟	30分钟

1. 基本功训练

词语记忆的基本功是抽象转形象，也就是用图像来记忆词语。在实际比赛中，大多数选手采用的是记忆宫殿的方法，将地点与词语连接。

在这一过程中，需要注意两点：一是出图要精确。比如，在转换"非洲象"这个词时，图像要突出"非洲"这一特征，如想象一头黑色的大象，否则容易在回忆时只想起"象"而误写成"大象"。再如，在转换"热泪"这个词时，如果不转换"热"，很可能记成"眼泪"。把图像想象得精确是防止将名词写成近义词，或者将形容词写成名词的有效方法。二是出图要模糊。有学员会问："模糊和精确不是矛盾吗？"前面说的精确是指要强调词语的特征，而这里说的模糊是指图片在脑海中的样子分辨率不需要那么高。非常认真地在脑中描画一只黑色的大象，想象它皮肤的纹理，是否有象牙，鼻子有多长，虽然可以帮助我们加深印象，但对于记忆来说帮助并不大，还会降低记忆效率。所以，在出图时，不需要也没有必要过分清晰，只要模糊而精确即可。

2. 筛选打磨地点

在记忆时，地点大多情况下不会和词语有多大的联系，只是作为一个空间背景，因此有时会出现地点无图的情况。那如何解决这一问题呢？这时候就要从地点入手。虽然词语项目中使用的地点一般可以选择相对差一些的，但是为了保证这个项目达到中等水平以上，还是需要对地点进行筛选打磨。一般我们会有如下几个要求。

其一，尽量选择地点丰富的宫殿。我们可以选择游乐场作为记忆词语的记忆宫殿，因为游乐场里的地点比较丰富，有滑滑梯、旋转木马、各种动物等。那么我们在记忆的时候就可以用这些地点紧紧"抓住"词语。例如，地点是老虎，词语是乌龟和杯子，那我们就可以想象乌龟拿着杯子给老虎喂水喝，这样连接就非常紧密了。而如果是一般的地点，如墙角，我们只能想象一只乌龟在墙角拿着杯子喝水，这个连接就可能导致空地点桩。这就是我们要精心筛选地点的原因。

其二，可以使用虚拟地点，但还是建议使用真实地点。虚拟地点很丰富，但是空间感会稍弱一些。也有一些在词语项目中表现不错的选手采用的是虚拟地点，这就因人而异了。两个词语连接后，如果想要再和地点连接，地点上要有特征物可以与之连接。所以一般来说，词语项目中我们用的地点不能是墙角，可以是一个石头、一个裂缝、一堆沙子等。

3. 训练技巧

词语记忆：先训练一遍记20个词语，当可以做到后，压缩时间到60秒内，同时控制正确率高于80%。然后训练看两遍记60个词语，不断压缩时间，在3.5分钟内记完。一般来说，词语项目至少要练到60秒内记住20个词，更好是练到35秒以内。

地点记忆：至少筛选4组地点，每组25个或30个。考虑到15分钟的复习单位，我们可以选择一次复习50个地点，记完100个词语之后，再记忆60个词语，那么地点的分配就是25+25+30（个）。

训练频率：突破期每天都要练基本功和自测；稳定期隔天训练。虽然说词语这个项目也可以突破，但是仍不建议用短期突破的方式来训练，因为词语是语言的一部分，而语感几乎无法短期内形成，它与个人的语文经验积累有关系，一定需要长期的训练来培养。比如，"瞧见"和"看见"，这两个词的图像没有区别，但是在感觉上会有细微的差别；"瞧"更偏向于瞬时动作，"看"停留的时间会更久一些。如果没有捕捉到这种感觉，很可能就会把"看见"写成"瞧见"或者把"瞧见"写成"看见"。类似的现象还经常出现在抽象词上，如"贫困"与"贫穷"，"诚信"与"诚实"等。所以建议学员从训练数字基本功时就开始训练这个项目，建立早期优势，并不断积累。

既要训练抽象词，又要训练形象词：平时训练时要注意不要极端训练抽象词或者形象词。如果一段时间都训练抽象词，记多了之后，很容易发现自己不会记形象词了，因为很多抽象词没有出图，光靠逻辑记忆，这样的习惯一旦迁移到形象词记忆中，就会导致大量的空桩。与数字记忆相同，记词语也可以通过加细节等手段去降低空桩的概率。

注意沟通交流：词汇也是非常需要和同学交流的一个项目，有些时候我们很难想到一个比较好的连接去记忆，这时向老师或同学求教是非常高效的方法，也许你还会在一次次提问中慢慢练就天马行空的想象力。一个词语联想能力较差的选手，是很难在实用记忆中达到高水平的。

做错题集：注意总结训练和自测中碰到的错题，比如，如果你把"大腹便便"写成了"大肚便便"，就一定要记入错题集，下次不能再出错。可能在赛场上，你就会碰到总结到的题目。

针对难以出图的词语积累图片：有一些词语非常难出图，这时候可以采用上网搜图的方式把它的图像记住，然后把词语死记下来。

4. 比赛策略

城市赛（5分钟）：从第一词到最后一词直接记忆两次，不用再复习，可以将一次记忆的量提升到最大。不用担心会忘记，因为五分钟很短暂，会有机械记忆存在。

中国赛/世界赛（15分钟）：选择适合自己记忆宽度的量进行复习，一般看3遍。词语项目和数字项目一样，个人认为是不适合刷遍数的，如果记得非常稳的话，看3遍即可，如果看4遍，时间就会比较紧张，导致每一遍都是草草了事，最后自己也不知道自己记住了没有。

七、总结

1. 常见的几种记忆方式

（1）两两连接放在地点上；没放稳可能会出现图像很模糊的情况。

（2）前两个数字作为被动放地点，后两个数字作为主动去作用。被动出现了两次，速度可能会稍慢一些，大量训练可以弥补速度不足，优点是不容易地点无图。

（3）主动作用于地点上的被动，类似于飞镖射到地点处的靶上。被动编码是与地点同时出现的，没有多余的思维过程，容易放得更稳一些。主被动接触点和地点焦点尽量靠近，两个编码和地点三者都获得注意。比如，"93旧伞"这个编码，被动部位靠近伞尖，当被动时如果不稍微缩小一些，就会导致作用部位离地点非常远，很容易就会导致地点无图。

2. 具体训练方法

（1）有计划性地训练，对每一个阶段主攻什么项目要有清晰的认识，不要盲目。这是二八原则的应用，每一段时间应该有一个主攻的项目。初学者应该注重数字扑克的训练，而中等水平选手除了保持正常的数字扑克训练，应该花剩下精力的80%去专攻某个项目，逐渐练成自己的强项。这样的话，每一阶段的训练都不会盲目，每天都会很期待主攻项目的突破，不会到了基地之后才开始思考今天应该训练什么。

（2）刻意练习。找到自己薄弱的项目，将项目记忆拆分成几个环节，针对薄弱的环节刻意练习。以数字为例，包括连接和定桩的过程，有的人连接速度非常快，而记忆速度很慢，说明定桩训练太少。这时候应该多练习，令自己的定桩速度和连接速度相匹配。如果定桩速度和连接速度很匹配的话，就应该多进行连接，认真做好每一个连接，这样速度才可以往上提。

（3）总结得失。不管大小比赛、测试，都应该深刻地写总结，包括心态和技术。我每一次比赛后都会写反思，回头看看自己这段时间练得是否盲目，比赛发挥得不好的原因是什么，好的原因是什么。要想在比赛中取得好成绩，除了记忆能力的"硬实力"，还需要比赛技巧、心态调整等"软实力"，而总结得失的过程能帮助你同时增强软硬实力。

第三节 >>> 五大核心思维

一、争取全对

不要降低对自己的要求。有学员总是无法全对，总是会有一两个地点无图，这就是错习惯了的表现。高正确率会形成一种习惯，高错误率也会形成一种习惯。不要经常出错，以致都忘了全对是一种怎样的感觉。

二、时常跳出训练，思考训练本身的问题

每练一周都要跳出来看看自己这周的训练效果怎么样，速度、正确率是否有提高，训练是否有针对性。如果一直埋头苦干，不跳出来反思自己的训练，有时候南辕北辙了还不自知。

三、基本功

基本功是区分高手和新手的重要因素。具体来说就是连接的紧密度、速度和对地点的熟悉度。

四、试错意识

记忆有普遍性也有个性，如果思路上没问题且时间允许，可以去创新，尝试一些自己独特的策略、记忆方法。另外，少量试错的反馈效率会比大量试错更高，正如训练基本功时一遍记40个（词语、扑克牌等）的反馈效果比一遍记80个更好。所以一般情况下，我们优先选择基本功训练，除非是为了训练耐力、持久度。

五、注重连接优化

要重视训练策略，但不要过于重视。编码连接的细节问题没解决，策略再好也没用。经常有学员考虑应该练一遍记80个还是120个，其实没有很

大的区别。关键在于，你有没有对错误的地方进行优化，没有优化，不管用什么策略都没有用。

第四节 >>> 问与答

问：高老师，在日常记忆训练里，怎样才能突破瓶颈？怎么才能坚持训练？

答：放下"不配得"。梵高说，"许多画家害怕空白的画布，可空白的画布也害怕敢于打破'你不行'魔咒的画家。"试想一下，我们到底是在恐惧些什么？是真的害怕失败吗？还是害怕成功，害怕那个光芒万丈的自己？刚刚在健身房挥汗如雨，晚上赶紧吃一顿烧烤，好像生怕回不到当初的自己，灵魂被取代了一般，通过机械性的动作完成心理平衡。目标混沌、失焦，越努力，越可悲。毫无觉知地胡吃海塞，再跟风式地拼命减肥，换来一个疲惫不堪的身躯。

先要有一个可视的梦想，让自己立刻处于已经完成的当下，比如无一丝赘肉的身体、世界记忆大师、畅销书作家等。想成为什么，首先要相信"配得"。一旦被囚禁在"不配得"的牢笼里，无论笼外的人再怎么称赞你，你还是不为所动，只能等你自己想明白，自己从牢笼里走出来。

为什么道理这么简单，成功打败自己心魔的人却少之又少呢？

因为牢笼既是枷锁又是堡垒，是所有不敢冲锋陷阵的人的完美挡箭牌。不走出牢笼就避免了一些受挫的可能性，可以怪这个、怨那个，将所有罪名安在一个无形牢笼上，自己逍遥自在。这样子的人生，又有什么可期待的呢？倒不如放手一搏，哪怕失败，哪怕被人嘲笑，与自己又有多大关系？外境不过是自己心念幻化出来的产物，为什么要被自己的作品所影响？这是本末倒置。

顺着光，找回自己的力量，打开那扇门，去体验因为恐惧不敢体验的一切，去看、去感受那些未曾体验的，满腔赤诚面对你创造的世界吧！

不要动不动就烦得"要死要活"，迷失在自己的情绪里。化情绪为创造力的燃料，愤怒就烧它个痛快，画出带有恨意的作品，让你的作品通过你的情绪活过来。

先要有一个已经达成目标的自己，再饱含好奇心地看这一切。如果你觉得完成这个梦想要耗费极大心力，要"千锤百炼"才能有所成就，那我告诉你，剧本就会按照你所想的去进行。何苦来哉？早点实现当下的梦想，再去挑战更多更有趣的，不是更好？

具体来说，我们可以通过以下几种方式来帮助自己坚持下去。

1. 让训练变成习惯

最好能固定在一个时间进行训练，这样身体会有惯性，突然哪一天不训练，就会浑身不自在。

2. 胡萝卜与大棒

每天给自己制订详尽的计划与目标，配合奖惩制度施行，如果自我监督不到位，可以选择公开计划与目标，比如没有完成目标就跑步30分钟或发红包等。

3. 偶像的力量

看看世界脑力锦标赛总冠军王峰老师的纪录片，《最强大脑》明星挑战的视频或书。

4. 冥想

打开App收听"吸引力法则"的音频。

5. 勿忘初衷

想想自己为什么会走上学习记忆法之路，成为世界记忆大师后对自己的影响又是什么？

6. 意志力

你以前是否也有半途而废的经验？你讨厌曾经的自己吗？现在有这样一个机会去修正"半途而废"的标签，何不奋力一搏？成为自己的啦啦队队长吧！

7. 计划与目标

请专业教练给出适合当下的计划与目标，切忌好高骛远，将目标定得高高的，毫无可操作性，无疑是浪费时间。

第五章
综合脑力提升

- ★ 第一节　专注力
- ★ 第二节　观察力
- ★ 第三节　思维力
- ★ 第四节　想象力
- ★ 第五节　创造力

第一节 >>> 专注力

即使没有接收到外界刺激，大脑本身也在不间断地活动——忙着走神。要想脱离这种常态，最好的方法是挑有一定难度的事来做。比如，若你作为一名拆弹专家，需要60秒内拆除一颗将被引爆的定时炸弹，那你的大脑一定会进入高度专注的状态。时不时地走出舒适区，主动去接受一些有难度的任务，你就可以有效抑制走神，变得专注。

一、模糊→清晰

很多时候，因为要做的事不够清晰，所以才给分心留下了空间。不信的话，问你三个问题。

问题1：你清楚自己所做的事或树立的目标背后的目的是什么吗？

工作中，领导给你安排任务、下发指标，指派你做什么，却鲜少会解释为什么要做这些。大多员工也想当然地形成了惯性，有什么事就做什么，很少去思考行为背后符合个人需求的目的。

时间一长或者碰到挫折了，他们很容易就会动摇，开始怀疑：这个目标真的能达成吗？我真的该做这个吗？我到底能不能做好？信心产生动摇后，你的注意力自然就会分散了。

问题2：要实现目标，你手头最近的一个具体动作应该是什么？

基本每个公司都会制定月度、季度、年度目标，这些目标看上去都十分清晰，有着明确的数字。但其实光有目标还不行，还得有具体的实现路径。不然，长期目标再清晰，你依然不知道当下要做什么，大脑就会无所事事地瞎走神了。但如果你将目标拆解到距离最近的一个具体动作，比如写一篇文章、做一个推广、搞一个活动，这时你就很容易保持专注了。

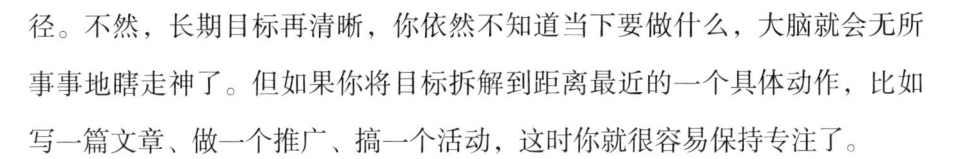

问题3：这个具体动作是否做到可视化了？

具体动作明确后，不要只停留在脑海里，要尽可能写下来，最好是制作一个任务清单、一张日程表。因为写下来后，要做的事情就更清晰了，而且代表了一种承诺，你就更难以回避，也就会更专注。

二、心理→生理

当脑中的想法开始活跃、心生别念、注意力不集中的时候，很多人下意识的反应就是教育大脑：不要分心，集中注意力做好手头的事。比如，工作累了后，你的大脑就想掏出手机浏览娱乐八卦新闻。你的本能反应就是训斥它：不许看！但是身体还是很自然地从口袋里掏出了手机。其实，当大脑开始分心的时候，用这种心理说服的方式来抑制行动，效果往往都不太理想。因为在我们的直觉和行动是紧密关联的。当注意力集中在某片空间区域时，负责监控这块区域的顶叶神经元的活跃度会提升，同时这种活跃度会通过通路扩展到前运动皮质，负责准备目光、头或者手的神经元也就活跃起来了，身体自然而然地倾向于转向注意目标。

用大白话解释就是：一旦你把注意力转向右侧，就意味着已经做好看向右侧，甚至是抓住右侧物品的准备了。这时，再想强行用意念抑制，效果自然不太理想，因为你不仅要控制内心的想法，还要克服身体即将行动的惯性。更有效的措施是什么呢？是反过来，通过身体动作带动注意力的变化。

所以我们在执行某一具体任务时，可以尽量做到以下两点。

（1）确保身体动作和任务目标是一致的。比如，看书的时候，让手做笔记；睡眠时，保持身体一动不动的状态。

（2）即使受到外部环境的干扰，也不要变换自己的身体状态。

三、消极→积极

大脑中负责专注功能的脑区主要是"前额皮质"，但是它非常容易受另外一块脑区"边缘系统"的影响。而"边缘系统"主要被情绪唤醒，所以在活跃的情绪状态下，你会发现自己很难集中注意力，很容易被外部场景以及内部联想干扰。比如，如果领导千叮咛万嘱咐你某项任务十分重要，对你说："事关公司的生死存亡，一定要好好完成！"这种情况下，你反而很难专注把这项任务做好。因为你会感到压力巨大，畏难情绪开始占据心灵，怎么也不进入不了工作状态，不自觉就会想玩手机，以缓解内心的畏难情绪。那如何减少情绪对注意力的干扰呢？比较有效的方式是进行一些活动，这些活动能促进改善情绪的化学物质的释放（如血清素、δ-氨基丁酸和催产素等）。体育锻炼、按摩、外出散步、冥想、瑜伽，或者从事自己的爱好，都可以促进这些化学物质的释放。

如果你工作或者学习的环境比较受限，没法做上面这些活动冷却情绪，我给你推荐一个新方法：抄书。它能稳稳地把你的注意力拉回来，帮你相对快速地调整状态。推荐大家采购诗词古文的字帖，训练专注力的同时字也一起练了。

分心是正常现象，这是由生理基础决定的。所以，首先要在认知上，接受自己是一个容易分心的人，这样你才能做到专注。否则，你就会给自己贴一个"天生爱分心"的标签，放弃治疗了。承认人人都会分心后，就可以针对分心的影响因素对症下药了，主要是四个法子：第一，时不时走出舒适区，做一做有难度，跳一跳才够得着的任务；第二，将做的事变得更清晰、更具体、更可视化；第三，用身体带动注意力，而不是用注意力抑制身体；第四，多做一些改善情绪的活动，最容易上手的就是抄书。相信我，只要将上面四个方法用起来，你就是别人眼里的专注高手。

四、提升专注力之凝视一点法

将视觉集中于一点，可以极大程度提升大脑专注力。

古代有一个叫纪昌的人想要跟有名的射手飞卫学习射箭。飞卫对他说："你先回家练习不眨眼的功夫，再来跟我学吧！"于是纪昌回家天天盯着自己妻子织布机上的梭子。就这样，一练就是两年，纪昌来到飞卫的面前说道："用针尖在我眼前晃动，我都不会眨一下眼睛。"飞卫说："练到不眨眼还不行，练到将小物件看成大物件再到我这里来学习吧！"就这样，纪昌又回家了，他用一根丝线将小昆虫捆起来，每天盯着看，经过四年的时间，终于将小昆虫看成像车轮那么大了，于是，他拿出弓箭，一箭射中了绳子上的昆虫，丝线却未断。通过凝视一点，可以提升专注力，达到常人不能企及的高度。

第二节 >>> 观察力

"我已经认识到，那些我没有画过的东西，我根本就没有好好地看过，而当我开始画一件平凡的东西时，我意识到这件东西是多么的不平凡，完全就像奇迹一样。"

——弗雷德里克·弗兰克（Frederick Franck）

一、培养观察力的五大方法

1.像第一次被投到地球的外星人那样观察稀松平常的街道

走在熟悉得不能再熟悉的街道上，看以前未曾留意的东西：下水道井盖的纹路，树叶渐变处的衔接；思考广告牌上文字与图案之间的关系；感受中午太阳下自己的影子的欢愉。

2.让自己时时处于当下的临在感

唯有这样，才能进入旁若无人的沉浸式观察中，也唯有静下心来观察，才能提升观察能力。

3.有目的观察

漫不经心的观察和带着目的性的观察，哪一种的效果更好？当然是有目的的观察。

4.视网膜效应

何谓视网膜效应？当你有意识地捕捉信息，这种信息出现在你眼前的频率就会变高。比如，规定你1分钟以内在房间里找大红色的物件，找得越多越好，你会惊讶于自己的发现。在我们强调某种信息时，其他不重要的信息就会被自然忽略掉。

5.学习绘画

普通人和画家观察同一个物件时，看到的东西是不一样的。

二、观察力小游戏

游戏1：下面100个汉字中有一个与其他的不同，请用最快速度将其找到。

土	土	土	土	土	土	土	土	土	土
土	土	土	土	土	土	土	土	土	土
土	土	土	土	土	土	土	土	土	土
土	土	土	土	土	土	土	土	土	土
土	土	土	土	土	土	土	土	土	土

第五章 综合脑力提升

土	土	土	土	土	土	土	土	土	土
土	土	土	土	土	土	土	土	土	土
土	土	土	土	土	土	土	土	土	土
土	土	土	土	土	土	土	土	土	土
土	土	土	土	土	土	土	土	土	土

游戏2：图中有一个图案与其他的不同，请用最快的速度将其找出。

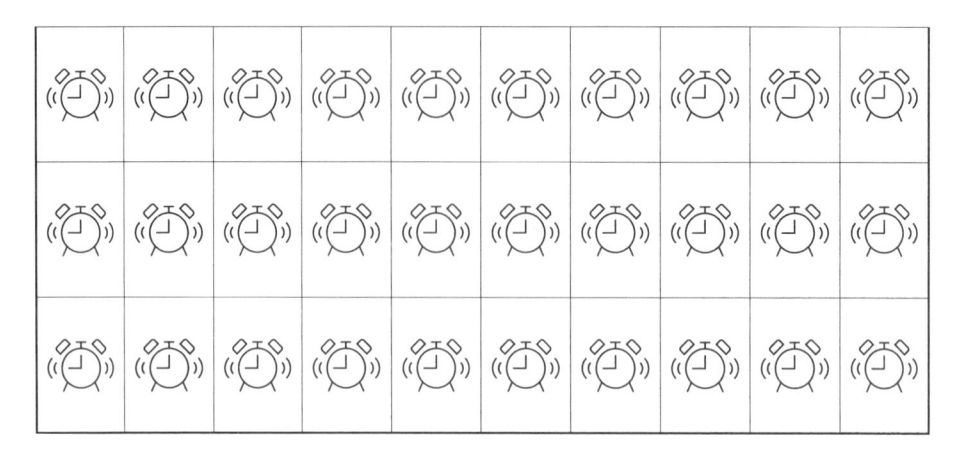

游戏3：大家来找茬，在1分钟内找出两张图的不同点。

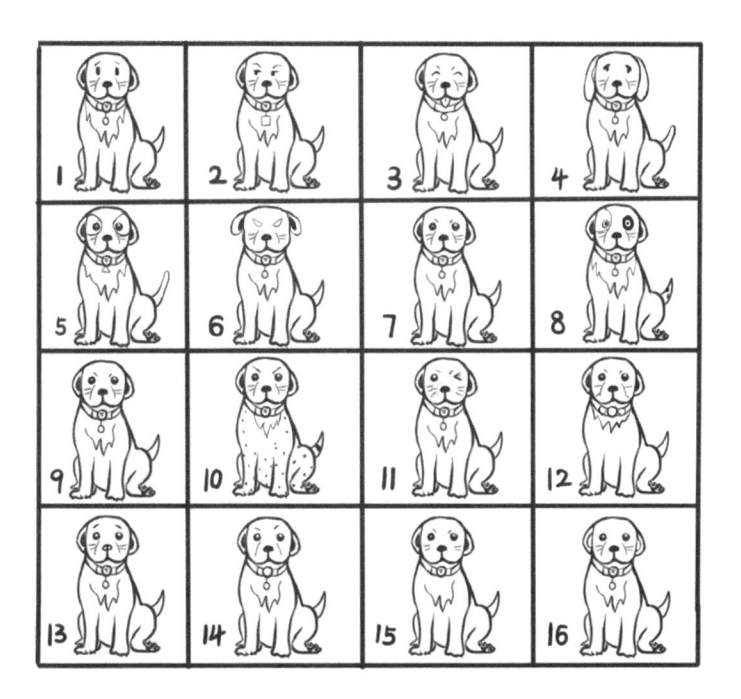

游戏4：在1分钟内从下图中找到两只相同的小狗。

游戏5：观察图中最上面的鹿，在1分钟内找出这头鹿的影子。

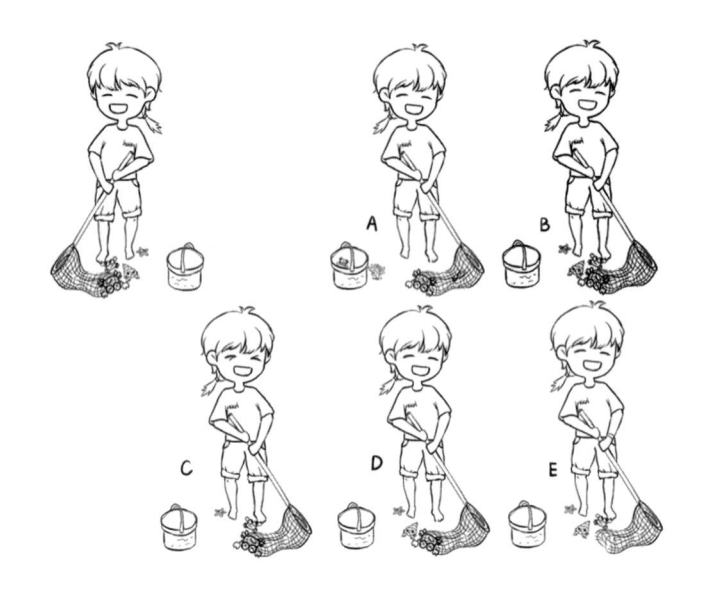

游戏6：请在1分钟内，从下列5个选项中找出所给图形的镜像图。

三、游戏答案

游戏1：

土	土	土	土	土	土	土	土	土	土
土	土	土	土	土	土	土	土	土	土
土	土	土	土	土	土	土	土	土	土
土	土	土	土	土	土	土	土	土	土
土	土	土	土	土	土	土	土	土	土
土	土	土	土	土	土	土	土	土	土
土	土	土	土	土	土	土	土	土	土
土	土	土	土	土	土	土	土	土	土
土	土	土	土	土	土	土	土	土	土
土	土	土	土	土	土	土	土	土	土

游戏2：

游戏3：

游戏4：7和9。

游戏5：A。

游戏6：B。

第三节 >>> 思维力

一、思维力小游戏

游戏1：请将错误的文字重新排列，组成正确的文字。

A.不过忘目

B.真想成梦

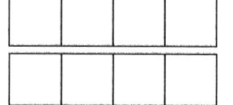

C.添虎翼如

D.奥冬运会季

E.忆世记大师界

F.愁路无莫知己前

游戏2：请从左侧的词语开始依次进行联想接龙，最后到达右侧的目标词语。

奥运会→_____→_____→环保

冰箱→_____→_____→鲜花

游戏3：请找到一个能同时由5个提示联想到的词语。

A.体重、卡路里、管理、运动、自律

B.门票、聚会、过山车、亲子、情侣

C.钞票、抢匪、换算、经理、破产

D.客运、小汽车、管理、换班、软件

游戏4：归类训练。

心急如焚、举目远眺、一饮而尽、心惊胆寒、昂首挺胸、斩钉截铁、滔滔不绝、迫不及待、眉开眼笑、窃窃私语、垂头丧气、得意扬扬

描写心理活动的：_____

描写动作的：_____

描写神态的：_____

描写语言的：_____

游戏5：将下面各词分为4类并写在横线上。

钢笔、钢琴、鞍马、双杠、榔头、橡皮、凿子、单杠、风琴、尺子、锯子、篮球架、刨子、二胡、圆规、笛子

A：_____

B：_____

C：_____

D：_____

二、游戏答案

游戏1：

A：过目不忘

B：梦想成真

C：如虎添翼

D：冬季奥运会

E：世界记忆大师

F：莫愁前路无知己

游戏2：

奥运会→全球→污染→环保

冰箱→保鲜→爱情→鲜花

游戏3：

A：减肥

B：游乐场

C：银行

D：出租车

游戏4：

描写心理活动的：心急如焚、心惊胆寒、迫不及待

描写动作的：举目远眺、一饮而尽、昂首挺胸

描写神态的：眉开眼笑、垂头丧气、得意扬扬

描写语言的：滔滔不绝、窃窃私语、斩钉截铁

游戏5：

A：钢笔、橡皮、尺子、圆规

B：钢琴、风琴、二胡、笛子

C：鞍马、双杠、单杠、篮球架

D：榔头、凿子、锯子、刨子

第四节 >>> 想象力

一个人凝视石堆，想象着大教堂的画面，石堆就不再只是石堆。

——安托万·德·圣-埃克苏佩里

下面为大家介绍提升想象力的五大妙招。

1. 精确成图

从五感（视觉、听觉、触觉、嗅觉、味觉）入手，将文字性信息想象成真实出现在眼前的物品。比如，看到"苹果"两个字，立马想到苹果的图，越真实越好。可以从颜色、纹路、光泽等方面着手观察；可以想象咬上一口发出的声音，或是掉在地上发出的声音；可以想象用手触摸苹果皮、果肉、果核的感觉；也可以闻一闻没切开之前以及切开后散发出来的气味；还可以尝一尝苹果的滋味。

2. 直觉

想象这是属于自己的苹果。

3. 放大与缩小

想象苹果不断变大，越来越大，像篮球那么大，像房间那么大，像高楼那么大，像整个地球那么大。再将刚变大的苹果变小，越来越小，小到一粒米那么小，越来越小，最后消失不见。

4. 变多与变少

想象苹果越来越多，一个变两个，两个变四个，多得塞满整个房间，甚至从房间涌出来，整个街道全是苹果，整个地球都是苹果。再将刚刚变多的苹果一个一个减少，直到一个也不剩。

5. 变化

运用想象力将苹果变幻成你想象的任何东西，比如梨，再变成手机等。

第五节 >>> 创造力

创造力是人类特有的一种综合性本领。创造力是指产生新思想，发现和创造新事物的能力。它是成功地完成某种创造性活动所必需的心理品质。它是知识、智力、能力及优良的个性品质等复杂因素综合优化构成的。

是否具有创造力，是区分人才的重要标志。例如，创造新概念、新理论，更新技术，发明新设备、新方法，创作新作品都是创造力的表现。

下面为大家介绍锻炼创造力的十大绝招。

1. 倒置绘画

绘画时，将要画的图片倒过来，你会收获一个天才画手。我们都知道，大脑分为左脑和右脑，左脑掌管语言、数字、逻辑、分析、文字、应用等，右脑掌管图像、音乐、韵律、节奏、情感等。按照常规顺序作画，哪里是上，哪里是下，哪里是边缘线，在心里已经有一个期待。真正开始作画时，这些期待就会和以前存储在记忆里的信息挂钩，导致左右脑的信息对抗，使人无法安于当下，进而影响到作画的效果。将临摹的图片倒过来，这样得到的将是一张全新的图，没有既定的信息，能直接让左脑休息，让右脑接管接下来的活动。

2. 冥想

冥想有助于厘清脑中杂乱的想法，让真正有创造力的想法脱颖而出。

3. 改变惯性路线

换条新路回家，新奇的街景会带给你全新的感受，进而激发创造力。

4. 借助不同音乐媒介

比如，写宏观叙事时，可以选用气势磅礴的音乐作为背景音乐；写悲剧小说时，可以听一些伤感的音乐。

5. 跨界交流

多和不同行业的专业人士交流，借助他人在另外一个领域的独特视角来看待你眼前同样的这个世界，会激发出更多创意。

6. 留下生命里出现的小事

想要创造力，就要戴着创造力的眼镜出门，有意识地捕捉任何映入眼帘的信息。

7. 从小事做起

哪怕是写一首无人问津的小诗、几个原创小句子也是不错的创造力。不要一上来就期待写出狂销100万册的畅销书，而是要从小事做起，一点一滴去锻炼创意大脑。

8. 累积信息

厚积才能薄发，没有量上的积累，想要凭空造出一个创意王，那是不可能的。平时要加大阅读量，还要做详细的笔记输出。知识只有输出过才能更好地被内化为自己的。要大量看经典电影、电视剧、舞台剧等，唯有疯狂输入才能产生疯狂输出。

9. 抓住闪现的灵感

在冥想或听音乐后，我们有时会灵感乍现，有源源不绝的创作动力，此时，应该拒绝外出邀约，让自己沉浸在创作的心流中。实在做不到独处，也要带好工具，随时随地记录自己的灵感，进行创作。

10. 断舍离

舍弃那些出现在你生命里的累赘之物。累赘之物可以是堆在家里长年不用的家具，也可以是一段糟糕的关系等。减少精神内耗，这样才能腾出空间给创造力本身。

第六章
内功心法

★ 第一节　刻意练习
★ 第二节　冥想
★ 第三节　心流

第一节 >>> 刻意练习

如果有人告诉你"天才"是可以后天养成的？你会不会相信呢？

尼科罗·帕格尼尼是意大利小提琴、吉他演奏家、作曲家、早期浪漫乐派音乐家，是历史上最著名的小提琴大师之一。他曾经在拉小提琴的时候，拉着拉着，崩断了一根弦，他就用剩下的三根弦继续拉，依然能够演奏出优美的乐曲。拉着拉着，突然又崩断了一根，他就用剩下的两根弦继续演奏。接着又崩断了一根弦，但他还是靠着仅剩的一根弦完成了演奏。看到这里你是不是觉得他非常有"天赋"呢？

其实，尼科罗·帕格尼尼之所以可以只用一根弦演奏，完全是因为他刻意创作了一首只需要一根弦的曲子。你看懂了么？原来被崩断的那几根弦是提前设计好的。

什么叫作"刻意训练"？将相同的工作内容重复十年算不算"刻意练习"？

当然不算。我们想一下，流水线上的工人日复一日进行着单一的工作内容，这样即使做上十年也不会有任何进展。

怎么做才能达到"刻意训练"的效果？

本杰明·富兰克林除了以作家、科学家的身份闻名，还有一个下国际象棋的嗜好。他花费了大量的时间下国际象棋，但是总是不能进入一流棋手的行列。为什么呢？原因就是他并没有在下国际象棋这件事情上刻意练习，而只是把下国际象棋当作一种休闲活动。他没有专门找一个比他厉害的人做教练，也没有去记录分析每一场棋局的得失。他总是不停地下，不停地下，就像一些朋友一天到晚地打牌、打麻将，也很难成为大师。但是富兰克林确实是写作方面的大师。他是怎么做到的？因为他在写作这件事上进行了刻意练习。

富兰克林小时候没有接受太长时间的正规教育，但是他很想写文章。怎么办呢？他找来了一本他特别喜欢的杂志，把那本杂志上的文章读一遍之后仿写。什么是仿写？就是假装又写一遍那个文章，自己写一遍，写完了以后再拿自己写的文章跟原文对照。对照时会发现一些内容遗漏了，有些词用得不对。就这样不断地根据反馈进行改进，他终于在写作这件事上成了大师。设定目标，获得反馈并不断改进，这就是刻意练习的基本流程。

我们知道，每个人都有着无穷的潜力，最终收获不同，是因为将时间花费在不同的事情上。刻意练习与一般的练习有着明显的不同，体现在下面五点上。

一、目标明确

你所做的每一件事都具有明确的目标，而且最好是可以衡量的。为什么跳水、国际象棋、记数字或者做俯卧撑这种事最容易通过刻意练习得到进步呢？就是因为它们好衡量，有着明确的标准。

二、专注

专注意味着在可以实现目标的事情上持续投入大量的时间，并且保持耐心。比如，不断练习某个角度的射门，不断练习一首钢琴曲，不断写作等。

三、反馈

问自己一个问题：在我想刻意练习的领域，有哪些方法可以让我得到反馈？反馈是指任何能让你知道自己现在做得有多好，以及距离理想目标有多远的方式。比如，对于一个练习任意球的足球运动员来说，反馈就是看看这一脚下去，能不能直挂死角。没有反馈的练习，就相当于没有球门，对天射门练任意球一样——无法通过结果来诊断和纠正自己的学习。所以，在你的刻意练习计划中，一定要加入持续的反馈。

四、走出舒适区

千万不要躺在"舒适区"享清福。什么叫舒适区？只做自己能力范围之内的事。什么叫学习区？稍微超出自己能力范围的事。什么叫恐慌区？远超自己能力范围的事。

刻意练习，就是想办法更多地让自己停留在"学习区"，想办法寻找难度高出现有水平的工作，或者使用自己仍然不熟练的技巧。

五、牺牲短期利益

自检问题：有多长时间，你没有为了训练而牺牲短期绩效？

绝大多数刻意练习，都意味着短期效果的下降——因为你在用自己不熟悉、不舒服的方式做事。比如，你本来用笔写字，现在切换到用键盘打字，一开始肯定是绩效降低的——估计刚开始你一分钟只能打5个字。但是持续地练习之后，最终你可以一分钟打80字，而这是写字永远也赶不上的速度。

所以，如果总是追求短期绩效，总是追求这次能够把活儿尽快干完，就很难有刻意练习的机会。

第二节 >>> 冥想

一、提升"专注力"的冥想引导词

环视一下周围的环境，感受光线，找找有没有特别的景物。轻轻闭上眼睛，然后跟自己说，我要与自己待一会儿，此刻是我自己独处的时间。花一点时间感受一下，周围有什么声音，自己此刻的心情是怎么样的。是烦躁、焦虑、平静还是轻松？自己的身体是有一点疲惫还是精力充沛。

试着放松一下自己的面部表情。此刻只有自己，不需要紧绷，全部放松，眼睛放松，嘴巴放松，脸颊也放松，感受一下自己脸部放松的感觉，继续放松肩膀，放松双臂、双手，放松整个上半身，放松双腿、双脚，卸下自己全部的力气，将全部的重量交给椅子或地板。此时自己毫不费力地坐着，将注意力转移到我们的呼吸上。怎么关注呼吸呢？

感受一下自己呼吸时身体哪些部位运动比较明显，比如吸气时鼻尖有一股清凉的感觉，呼气时有一种温热的感觉，或者吸气时感觉胸部有种扩张的感觉，呼气时有种收缩的感觉，或者吸气时感觉自己的腹部会向上隆起，呼气时向下凹陷。

如果你还是感觉不到这些感觉的话，那就将一只手轻轻放在腹部，感觉呼吸时这只手随着呼吸上下起伏。花点时间找到自己呼吸的感觉并感受一会儿。

找到这种感觉后，这时你的注意力非常的集中，就像一束光打在自己身上一样。聚焦在呼吸的感觉上，不去改变呼吸的节奏，如果是浅呼吸就让它浅浅地呼吸，如果是深呼吸就深呼吸，如果是慢呼吸就慢慢地呼吸，我们只是关注呼吸的感觉。接下来，我们用数呼吸的方法来加强自己的专注力。我们吸气数1，呼气数2，再次吸气数3……就这样，一直数到10，然后从1重新开始数。如果你走神了，被周围的声音带走了，发现自己没有关注呼吸，没有数数，这时暂停，弄清让自己走神的是什么。比如，是声音或想法吗？再来一次深呼吸，在呼气时放下这些干扰，继续将注意力带到呼吸上，从1开始重新数数。现在时间全部交给你，试试看自己会走神吗？留意自己走神的次数，以及是什么让自己走神了。

二、提升"记忆力"的冥想引导词[1]

你好，我是高隽，欢迎聆听超级记忆力冥想音频。这个音频将会引导你进入很深的放松状态，你的潜意识将会接收到对你非常有帮助的积极正面信念。只要你有恒心不间断地聆听音频，不久，你将会发现你的记忆力越来越好，读书、学习越来越轻松，当你面对各种考试、比赛时，你都能取得优异的成绩。现在确定你处于一个不被干扰的环境。将你的身体调整到一个最为舒服的姿势。请将你的眼睛闭起来，眼睛一闭起来，你就开始放松了。注意你的感觉，让你的心灵像扫描器一样，你的心灵扫描到哪里，哪里就放松下来。

现在开始。你发现你的内心很平静，好像已经进入了一个全新的世界。你只会听到我的声音和大自然的声音，其他的杂音都不会干扰到你。现在注意你的呼吸，慢慢地深呼吸。

在深呼吸的时候，想象你把空气中的氧气吸进来，空气从鼻子进入你的身体，流过鼻腔、喉咙，然后进入你的肺部，再渗透到你的血液里。这些美妙的氧气经由血液循环输送到你全身每一个部位、每一个细胞，使你的身体充满活力。吐气的时候，想象你把身体中的二氧化碳统统吐出去，把身体里的所有疲劳、烦恼、不愉快统统吐出去。

---

[1] 添加高隽老师微信（gaoshoushou520），赠送高老师亲自录制的冥想音频。

注意你的呼吸，当你专注在呼吸的时候，感受空气在你体内流通，感受氧气进入你全身每一个细胞，你的身体就会自动开展补充能量的过程。你越能集中注意力在你呼吸上，你的身体就会更健康，更有活力。继续深呼吸，你的心灵越来越宁静，越来越舒服。

现在注意你的头顶，让你的头皮放松，头盖骨也放松。放松眉毛，放松耳朵，放松脸颊的肌肉，放松下巴，让下巴完全放松，放松你的喉咙，放松你的脖子，放松两边的肩膀。你的肩膀平时承受很多紧张和压力，现在全部释放掉，放松左手，放松右手，放松胸部，放松背部，放松脊椎，彻底放松腹部。你的呼吸更深沉，更轻松。放松左腿，放松右腿，放松脚掌，继续保持深呼吸。

每一次深呼吸的时候，你会感觉更放松，更舒服。

现在想象天上有一道白光，像太阳一样明亮，从天上射下来照到你身上。这道白光会带来放松、舒服的感觉。想象白光从天上洒下来，进入你的额头，进入你的头部。白光使你的头脑无比清醒、敏锐，然后白光流经你的脖子，扩散到你的全身，慢慢地，白光渗透到全身每一个器官，每一个组织，每一个细胞。所有的焦虑、紧张、烦恼、疼痛都消失了，白光包围你的全身，你越来越明亮。白光会保护你，让你全身的皮肤和肌肉都放松，你感觉到前所未有的放松。你进入深沉的放松状态里。

你完全超越了时间、空间的限制，没有任何事情可以限制住你，你感觉到前所未有的舒服与放松，完全的自由自在。接下来我所说的每一句话都会进入你的潜意识，最后变成你的信念，在你的潜意识里强而有力地运作。

从今天起，专注力越来越好，理解力越来越好，记忆力越来越好，任何考试、竞赛我都有信心面对，无论读书、学习我都会制订具体的目标。

我拥有超级记忆力，只要我想记住的资料，我都可以清晰地记住。当我在吸收信息时我能够迅速捕捉重点内容。考试时我能稳定发挥，获得优异的成绩。

我是世界记忆大师,我是"最强大脑"。

接下来,当我从5数到1时,你将会从这次冥想中彻底醒过来。5,你的记忆力越来越强,4,你会享受每一次考试,3,你能轻松学习到各项技能,2,你会越来越来宁静专注当下,1,你是最棒的。你已经醒过来了,睁开双眼。

第三节 >>> 心流

一般人认为,生命中最美好的时光莫过于心无牵挂、感受最敏锐、完全放松的时刻,其实不然。虽然这些时候我们也有可能体会到快乐,但最愉悦的感受通常出现在一个人为了某项艰巨的任务而辛苦付出,把体能与智力都发挥到极致的时刻。最优体验乃是由我们自己缔造的。对一个孩子而言,也许就是用发抖的小手,将最后一块积木安放到他从未堆过的那么高的塔尖上;对一位游泳健将而言,也许就是刷新自己创下的纪录;对一位小提琴家而言,也许就是把一段复杂的乐曲演奏得出神入化。每个人毕生都面临着不计其数的挑战,而每次挑战都是一个获得幸福的良机。

——米哈里·契克森米哈赖

一、何谓心流

心流在心理学中是指一种人们在专注进行某行为时所表现的心理状态。如艺术家在创作时所表现的心理状态。在此状态时,一个人通常不愿被打扰,也称抗拒中断。这是一种将个人精神力完全投注在某种活动上的感觉。心流产生的同时会有高度的兴奋及充实感。

二、心流的成因及特征

1. 注意力

"心流"只能产生于极度专注的情况之下。

2. 目标

有一个为之全情付出的目标。

3. 反馈

能得到及时反馈。比如,外科医生得到的反馈就比内科医生要及时得多。

4. 遗忘

因为全神贯注,日常的烦心事被遗忘。

5. 忘我

达到一种忘我的状态,饥饿感消失,困顿消失,外界所有的人事物好像都成为透明的,能看到的只有眼前的一切。

在哪些活动中可以达到心流的状态?记忆、写作、唱歌、攀岩、画画……

三、如何才能知道自己进入"心流"状态

"心流"状态也可以称为忘我状态,进行记忆训练的时候,只有你和你脑中的动画,周遭的声音、画面都消失掉了。

附录：高隽老师培养的"世界记忆大师"和《挑战不可能》明星学员风采

一、40岁妈妈选手王婵丹斩获"世界脑力锦标赛"城市赛全场总季军

大家好，我叫王婵丹，来自沈阳，今年40岁，有一个马上面临中考的大儿子。

回想我第一次坐上飞往武汉的航班时，那时的我满怀信心，觉得记忆大师的头衔虽然令人仰望，但也不是不可能达到的高度。虽然不能说唾手可得，但靠自己的努力踮踮脚还是可以取下来这顶皇冠的。

但事与愿违，我并不是学生，更有本职的工作，并没有那么多的时间专门来训练，而且人到中年，上有老下有小，家务、孩子、父母、工作需要面面俱到，完全没有属于自己的时间，也完全不允许你有自己的理想。

很快我就遇到了困难，母亲生病需要手术，需要照顾，理想只能靠边站……就这样我错过了两年。

2019年，新的一年刚刚开始，我就毅然决然地离职了，我要为我的理想努力，我要让我的梦想照进现实。就这样我认识了我的女神，优秀的金牌教师高隽老师。

她睿智从容，举止优雅中富含书香气息。她心性豁达，生活中，她有自己的人生哲理，和她在一起我学到的不仅是知识，更是人生中的大智慧。

在生活的道路上，谁不是负重前行？生活很公平，不会优待那些只顾安逸的人，也绝不会亏待每一个认真努力的人。如果不想就这样匆匆走过，如果想在未来的5年、10年、20年，不断变成更好的自己，请一定要逼自己不断成长。因为能让你放弃奔跑的，永远只有你自己。

就这样，高女神不断地鼓励并鞭策着我，当我学习进入低谷的时候，她教我打坐、冥想，教我如何放空自己，轻装出发。当我找各种借口不想交作业时，她鼓励我加入"高老师运动群"，每天进行锻炼打卡。

就这样，我从每天有效训练时间3~4小时（有效训练时间指除去休息、上厕所、吃饭的学习时间），到每天有效训练时间6~7小时，有时学习到忘我，从早上6点一直学到晚上11点。

我就这样一天天地一步一个脚印地成长着。唯有一个强壮的体魄才能支撑每天进行高强度的脑力训练。不管多晚，高老师都会耐心、细致地为我答疑。在高老师的指导下，我的成绩突飞猛进。再次感谢高老师的辅导。

同样使我成绩进步神速的还有我们团队的集训营。和小伙伴们在一起学习和在家学习是完全不同的。集训营更有学习的氛围，而且团队的比赛经验、记忆策略都是最前沿的，每周都有测试，测试后还有答疑，还要进行总结和规划。

附录：高隽老师培养的"世界记忆大师"和《挑战不可能》明星学员风采

（左：王婵丹，右：高隽）

我们的团队超级优秀，在城市赛场上我说，我来自武汉王峰老师带领的中国记忆精英战队，他们都投来羡慕的眼光，就连总裁判长都说，优秀的团队果然都是如此优秀。

你只管努力，其他的都留给天意，一切都是最好的安排。

我深深地体会到了，每一分的成绩都不掺假，每一分的耕耘都会有每一分的收获，决不会白费。

2019年10月19日，当我站在城市赛的舞台上，当我举起右手宣誓时，我觉得我不是在为我自己努力，而是代表着国家全力以赴。真的觉得自己升华了。在这段学习过程中，我受到了许多人的鼓励和支持，我会铭记终生。当你不再盲目地羡慕别人，不再活在他人的阴影下，而是专注地提升你自己，你会发现日子并没有那么难熬，自己的故事也别样精彩。

2019年10月，城市赛结束了，我取得了小小的成绩，突然感觉自己很优秀，结果骄傲了。在马上进入中国赛准备阶段的半个月中，我的训练是断断续续的，感觉自己好像已经可以了，所以对自己的要求就松懈了，每天的训练总是紧张不起来,而且训练的量也不是很大。在比赛的前期测试中,我的成绩降到了3000分以下,自己的心态失衡了。可是高隽老师鼓励我说,你是可以的,实力在这里,放心,放松心情正常发挥就好。虽然自己还是感觉到各种怕,但是我相信高老师,因为在这一年中,她给我的指导从来没有出过错,所以我就放松心态进入了中国赛的赛场。虽然在比赛时我没有任何压力,但是我还是认真对待每一项比赛,读联看地点,样样不落,做到最好。这次和城市赛不同,我很放松,没有压力,只希望赛出自己的水平就好。但是我好像放得太松了,因为这次比赛地点是重庆,到处都是我爱吃的美味,无法抵挡啊!比赛一结束,我就去吃好吃的,还逛了夜市买了两件衣服,我也是太佩服自己的心态了……我唯一没有忘记的就是和其他记忆大师们一样,随时随地找地点,看哪里都是地点,好像记忆真的成了我们生活中的一部分。就这样,在不纠结、不紧张的状态下,我的成绩竟然前所未有地超过了4000分!超常发挥了!

2019年12月的世界赛就没有那么幸运了。中国赛一结束,我就开始准备1小时马拉松数字和1小时马拉松扑克。在15天的准备期间,我马拉松数字就自测了3次,可是成绩一次不如一次。第一次记忆马拉松数字1小时,记忆2160个数,对了1120个数,险过。我和高老师都紧张了,这样不行啊,一哆嗦就危险挂科了,铁三项不过相当于与证书无缘啊!崩溃接踵而来。

第二次又自测记忆1920个数字,结果对了960个数,稳稳挂科,再次崩溃。又过了四天,第三次自测,记忆1560个数字,正确860个数字,我完全崩溃了……

为什么,自己记忆得多正确率不高,记忆得少正确率还是不高?每次都是一行里错一个地点,不多不少刚刚好不合格,我的天啊!每一次测试都相当于脱胎换骨的重生。经过实践高老师给我的专业建议、策略和方

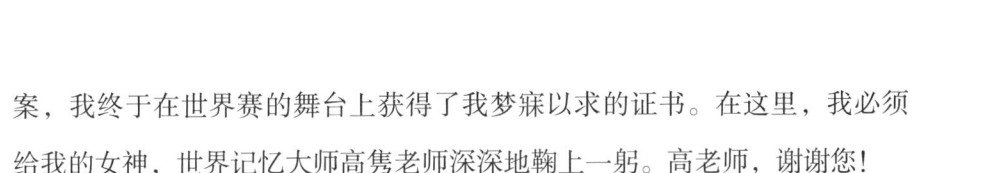

案，我终于在世界赛的舞台上获得了我梦寐以求的证书。在这里，我必须给我的女神，世界记忆大师高隽老师深深地鞠上一躬。高老师，谢谢您！

同时我也要感谢袁栋梁老师、袁紫婕大师（东方巨龙队友）、夏德俊大师（东方巨龙队友），感谢你们陪伴着我一路进步，一路坎坷成长。用袁栋梁老师的话说，一切都是最好的安排。

人多半都怕吃苦，遇到困难障碍时，通常都避之唯恐不及。然而问题也出在这儿，人想要满足和成功，不可能轻松简单地就得到。没有人会把一件容易做到的事情当作自己的梦想，就算刻意这样做也不会有成就感。逃避问题，也就丧失了能帮助我们经由黑暗走向光明、经由受伤走向觉醒、经由痛苦走向飞跃的机会。

这就好像爬山一样，当你在山底下时，你的视野被许多杂物和阴影所遮蔽，而后你往更高的一层爬去，视野就更开阔，看得也更清楚，直到爬上山顶之后再极目远眺，整个世界都将为你开放。

你将发现，这一路走来，你所经历的一切苦难的颠簸以及挫败、仇恨、绝望的荆棘，还有长满忧愁恐惧的杂草和大树，都转化成了让你成长的养分，让你更坚强茁壮。生命是来丰富我们的。

人们的问题，往往也会变成他们的学问。我们虽不能决定自己要学习哪些人生课程，却能决定是要在喜悦还是痛苦中学习它们。只要甘心领受，你就会发现苦过必会回甘。

如果你未曾经历你所经历的痛苦，那么你将过着平凡无趣的生活，你的内在将无法成长，无法具备深度，不会懂得谦卑，不会懂得慈悲，也难以体悟人生。

在这里，祝愿所有的记忆大师和即将成为大师的你，你的眼界决定你的世界，你的思路决定你的出路。人生重要的不是所站的位置，而是所朝的方向。这个世界依旧，所不同的只是我们的想法。一转念，柳暗花明又一村。

二、世界记忆大师夏德俊的追梦之路

我叫夏德俊,很高兴跟大家分享我的比赛经历。今天已经是世界记忆锦标赛城市赛的最后一天,感觉整个人轻松了很多,接下来我会谈到训练方法和比赛时的心态,希望这些经验可以让备赛的你少走些弯路。

来学记忆法的人可能是学生、家长、教师等。我们都怀有各自的梦想,有的要提高自己的记忆力,有的想考取"世界记忆大师"证书。当我们刚开始想做这件事的时候,我们都是十分好奇的。很多同学看了《最强大脑》节目,里面的选手个个身怀绝技,让人对他们的本领赞叹不已。看看自己是不是也可以做到,就是我们的初心。对,我们都是从这里开始自己的记忆之路的。

当我刚开始接触记忆法的时候,是没有系统地学习的,但因为喜欢,所以我就在网上找了一些训练的方法,从数字开始练习。网上有各种自称大神的人分享训练的方法,所以我就照着他们说的练,练了很长一段时间也不知道自己进步了没。感觉这样练也不是个办法,所以后来决定报班学习。通过打听,我选择了东方巨龙。我觉得只有这样我才能走上专业的道路,实现我的记忆大师梦。

我在高老师的专业指导下慢慢地知道,自己以前的好多训练都是有问题的。我印象最深的一次是,那个时候我数字记忆基础很差,课间在练读牌的时候读得很快,这时一起训练的一个成绩很好的同学看到了,他就问我:你推得这么快都看清了吗?那个时候我哪知道要怎么看清,以为推得快,看得快,记得也快。其实不是这样的。到现在,我快速扑克牌项目练到30~40秒,我可能也没有像那样一味地追求速度。这个理念也可以推广到其他很多项目上。速度是经过大量的训练后的结果。平时看到很多人说:

附录：高隽老师培养的"世界记忆大师"和《挑战不可能》明星学员风采

我可以记300~400个数字，但一到模拟赛或真正的比赛，每行都有错，这就说明他们的训练模式是有问题的。如果把记忆速度和记忆质量来做个比较，对记忆法训练了解不深的人很多会去追求速度，这也是很多人的一个学习误区吧！

再说一说比赛。我们大部分同学训练记忆力之后会去参加记忆竞赛，以求获得对自己成绩的认可，这是非常有荣誉感的事，我们的很多潜能也会在这个锻炼过程中得到提升。

区域赛前，我一直在东方巨龙的训练基地训练，这边的环境和学习氛围都不错。这次比赛时，我就发现自己的状态跟以往参赛时不一样，不怎么紧张，并没有出现心脏狂跳不停的情况。特别是快速扑克牌项目，以前在比赛时，心都要从嗓子眼跳出来了，这一回特别沉稳。我觉得这要归功于平时的模拟赛。我记得最清楚的就是我们高老师说的，在基地，模拟赛多得会让你麻木，根本就没有心思紧张。确实，在比赛的时候就是这样。区域赛的感觉就像在模拟赛一样，可能就是换了一些人，换了个地方，多了些裁判。还有一个就是准备时间更充足，今年武汉赛区的城市赛，比别的赛区都晚了十多天。

所以我们有充分的时间做准备。准备上主要还是技能和心态，其实想通过区域赛，需要的技能水平不是很高，只有少部分人会卡在这一关。在这里就讲讲心态吧。不管你成绩好坏，当你走上城市赛、中国赛甚至世界赛都需要一个良好的心态。我看到有些人在某一个项目比不好的时候，直接影响到接下来的发挥，恶性循环，导致很多项目跟平时的测试成绩差距非常大。高老师在平时模拟赛中也一直强调考一门丢一门，把精力放在接下来的比赛中。我还觉得一定要在这个期间调整到愉快的心理状态，哪怕你明知道不怎么好，也可以想这就是一个成长的过程，没必要一直纠结在这里。比赛过程中多关注自己，减少外界对自己的干扰。

接下来我讲一下我在世界脑力锦标赛全球总决赛中"一波三折"的故事吧!

1. 惊险的赛前突发状况

本以为斩获"世界记忆大师"终身荣誉不过是"探囊取物",结果我真是太天真了。

(夏德俊征战全球总决赛赛场留影)

时光回到2019年12月3日报到那天,距离正式比赛还有1天时间。白天报完到后简单地做了几个小项目的训练,晚上就没有练习了。订了3个小碗菜,其中一个烧汁豆腐感觉味道不对,豆腐好像变质了,所以吃了两口就放下了,不料当天晚上睡觉时还没什么事,第二天天还没亮肚子就开始疼了,然后反反复复拉肚子。身体抱恙而且晚上没睡好,带着这样的状态,我还是要去参加这天上午的开幕式和答疑会。"明天的马拉松项目一坐就要3小时,而且马拉松项目达标是获得世界记忆大师称号的必要条件,要是途中出了什么差错,岂不是又要再等一年?"这样的突发事件给了我极大的思想负担。我在去赛场的路上买了止泻药来吃,几乎是浑浑噩噩地到了赛场。

在基地训练时，我曾整体模拟过比赛过程，得分超过4400分，铁人三项都达标了。但是由于这一突发情况，我的思绪完全涣散了，对于比赛一点把握都没有。万幸的是，止泻药起了些作用，我安慰自己一切朝好的方向想，尽全力压住内心对失败的恐惧。

2. 第一个强项居然惨遇滑铁卢

12月5日，第一个项目抽象图形在裁判员菲尔先生的口令下拉开了序幕。我在赛前集中练了几天的抽象图形项目，测了几次，成绩都在470分以上，甚至在赛前最后一次模拟赛中获得了490分的高分。所以对于抽象图形项目，我还是比较有信心的，也希望靠这个项目提分。但当我翻开试卷的那一刻，立即感到糟糕。第一个图形是旋转的，第二个图形不清晰……"昨天一个同学问了何磊老师，他不是说可能不是旋转的图形吗？""旋转的图形、不清晰的图形私底下也练习过。""在区域赛中，虽然图形是旋转的，我也对了361个！"我的脑中思绪万千。我一边觉得气愤，"为什么第一个项目会是抽象图形呢"，一边又努力调整自己的状态，强令自己稳着点来。

在这个状态下，我最后只记了不到8页，比平时少了近3页，而且回忆时写得断断续续，还有一些答案毫无把握。我知道这个项目一定考砸了，但想到恩师高隽说的"比完一项丢一项，好好准备下一项"，我在下一个项目开始前，做了一系列调整，进行了冥想。

第二个项目是二进制数字。我在这个项目中的成绩一直不稳定，且第一个项目状态不佳，我心想能记3页就不错了，结果第3页第3遍都没有复习完。就这样，我就像神游一样比完了两个项目。

赛前，我的目标是5000分（获得世界记忆大师称号的总分要求是3000分），前两个项目的失利让我顿时没有了动力。

（左：高隽，右：夏德俊）

3. 跌宕起伏的铁人三项比赛

世界记忆锦标赛中的铁人三项项目是指随机数字（马拉松数字）、随机扑克牌（马拉松扑克牌）和快速扑克牌。很多选手和我一样，在中国赛中已经通过了快速扑克牌项目，因此在世界赛中的重心就是两个马拉松项目。在基地训练中，高隽老师指导我调整了马拉松数字的记忆策略，因此在2次集体模拟中，我的成绩都在提升。

比赛第一天，马拉松数字项目结束后，我完全不敢回想，把注意力都放到第二天的马拉松扑克项目中。这个项目也是我的强项，平时都能记22副多，2次模拟赛中也记了21副左右，因此世界赛的目标是22副保底，状态好的话冲击23副（获得世界记忆大师称号的最低要求是12副）。

可是计划总是赶不上变化。比赛时，我右后方的一位选手总是在大幅度地抖腿，我注意到这点后，在记马拉松扑克的时候就把桌椅往左移了点，也就是靠过道了一点，身体也往左侧旋转，尽量避免看到随着抖腿而不断抖动的桌布。另一件让我分心的事情是场馆内浓重的气味。那是风油

附录：高隽老师培养的"世界记忆大师"和《挑战不可能》明星学员风采

精和香水的混合气味，在高得离谱的室内温度下，熏得我昏昏沉沉。

不良的精神状态让我分心，马拉松扑克项目中有3副扑克牌的记忆出现了跳桩的现象，还有2副扑克牌看错了2张牌。记到第20副牌时，自己已经感觉到后面4副牌的记忆效果很差，于是临时调整记忆策略，不再多记，而且把最后4副牌记了3遍。写答案的时候，虽然只记了20副牌，竟写得比平时记22副还要慢，硬是把答题时间都用完了。

比赛结束，终于感觉轻松了很多，这时才敢看马拉松数字的成绩。竟是2000分全对，超常发挥了！太棒了！现在就差马拉松扑克的成绩了。我期待着成绩早点出来，但是由于种种情况，我对于马拉松扑克的成绩心里一点底也没有。我知道，如果马拉松扑克的成绩少于14副半，我的总分就难上4000分了。当天晚上，我查了好几遍，但马拉松扑克的成绩一直没出来。这一晚也是难以入睡，只睡了四五个小时就提前醒了。打开手机一看，袁老师给我发了一条信息：马拉松扑克963张（18副半）。我的心顿时放下了。这个成绩虽然比平时差了3副多，但也总算是过了。铁人三项都达标，总分也超过了3000分，我也是准世界记忆大师了！赛程第3天，我才算有了点享受比赛的感觉。

第三天的项目是随机词语、听记数字和快速扑克牌。这三项中也遇到了一些波折，但总体来说靠着稳扎稳打的策略，还是获得了理想的成绩。最终成绩4131分，虽然比平时的成绩低了好几百分，但也算进了4000分。

极巧的是，一个赛场几百号人，我却和王婵丹分到了一桌。我和王婵丹是在东方巨龙基地一起训练的好朋友，但在赛场上，怕相互影响，比赛的3天内都没怎么说过话。当我在快速扑克牌项目后兴奋地拿起魔方计时器记录时间时，她问我："破纪录了吗，乐成这样？"最后我们都拿到了大师证，在这里也祝贺她！

看到这里是不是感觉这次的世界赛跌宕起伏，险象环生？什么时候都应该把该做的事做好，过程中可能会有很多意想不到的事发生，但最终结果还是会朝着我们的梦想前进，在这里祝贺今年同样拿到世界记忆大师证的选手，你们都是最棒的！

三、成长的路上并不拥挤，只要你能坚持——邓清的世界记忆大师养成日记

（邓清赛场留影）

"我没有想赢，我只是不想输。"这是我最喜欢的一部电影《飞驰人生》里的一句话。如果换做一个月前，三个月前，半年前，甚至更早，我一定想不到我会成为一名世界记忆大师。那离我太遥远了，我只是一个普普通通的人，上班下班、看剧逛街，没有想到自己以后可以取得什么成就，没有想到自己会有怎么样的人生轨迹。这一切，是从什么时候开始改变的呢？

2018年我大学毕业，和很多普通人一样，我并没有找到自己前进的方向。我到底喜欢什么呢？我好像挺喜欢小孩子的，也挺喜欢记忆方法的。我从大学的时候就开始看《最强大脑》，甚至在一个机构花钱学习过一段时间。一个偶然的机会下，我加入了东方巨龙教育，成为一名课程咨询老师。那个时候我只是想着可以更好地接触记忆方法,这是一份很有意义的工作,帮助学员轻松记忆,高效学习。

在这段日子里,因为要更好地接触学生,我看了好多记忆法相关的书籍。老师磨课练课时,我也会进去听。我翻出很多小学初中时的考试试卷,分析学生出错的原因,把这些知识点和记忆法相挂钩,然后在空余时间,偶尔也会义务辅导学生,希望他们可以提高专注力;希望他们可以有更丰富的想象力,可以写出天马行空又不失逻辑的作文;希望他们可以有更好、更强的记忆能力,能够早点睡觉,不用为背书苦恼,可以记得又快又牢,考试的时候考出更高的分数。

慢慢地,我看到很多学生通过记忆法的学习提高了学习成绩,还看到很多有兴趣、有天赋的孩子加入世界记忆大师班,尝试着挑战世界脑力锦标赛。我深深地觉得,记忆法对每一个学生的帮助都太大了。慢慢地,那种对大师称号的憧憬嫁接到了自己身上,我不停地问自己:"我可以吗?为什么自己不去尝试一下?要不要考虑清楚?"一面是挑战更新的自己,一面是稳定的生活和工作,经过很长时间的心理斗争,我最终下定了决心,无论如何要试一次,失败了也不后悔。我记得很清楚,那一天是2019年8月13日,是我正式进入精英战队基地开始训练的日子,也是我毅然决然放下一切全心备战的日子。

刚开始的时候极其不适应。那个时候是暑假,和我一起训练的大多是小孩子,而且他们已经训练一段时间了,我才刚刚开始起步,很多项目还不如他们。袁栋梁老师耐心地为我整理了编码系统,带着我起步训练。高隽老师告诉我:"要想成为大师,首先要沉浸进去,放下心中所有的杂念。"身处这样一个浮躁的时代,想要完全沉浸是一件非常困难的事情,但是高隽老师的一番话让我幡然醒悟,于是很快我放下了外界所有的工作、娱乐,全身心地投入了训练。

刚开始是基础的数字训练，速度很慢很慢，但也正是因为基础薄弱，每一天的训练我都能看到进步，发现今天比昨天又进步了一些！这给了我莫大的信心，学习的动力也越来越强。我听从老师的指令，心无旁骛，每天根据自己定的目标进行训练、复盘，再训练、再复盘。那个时候只有一种感觉，就是太久没有这样纯粹的生活了。

训练基地里清幽的环境让我变得心无杂念。其实记忆法的学习也是一场修行，外界的人看它觉得枯燥乏味，但是摆脱浮躁的内心，每一个数字、每一个编码的排列组合，都是你头脑中一幅又一幅的画面，是一个又一个不一样的故事，它们也是我的朋友。我对于图像的把控能力以及想象力有了大幅度的提升。

日复一日的训练让我慢慢养成了良好的生活作息，晚上10点入睡，早晨6点起床为自己准备一顿丰盛的早餐，稍作拉伸，然后全情投入训练。整个过程我都保持着一个非常积极的状态，不会因为压力太大而感到消极、痛苦。

当我愿意做这件事情并且让自己沉浸在心流的状态中时，时间其实是过得非常快的，并且内心一直都处于"爱""喜悦""和平"的状态。我想这也许就是"活在当下"的豁达心态。

当然，在这些日子里，我的生活不只有训练，每周我们都会有休息日，基地的小伙伴们一起去寻找属于自己的"记忆宫殿"，顺便享受一顿丰盛的午餐。碰到老师、同学们生日的时候，共同庆贺其乐融融，这些都是美好而又珍贵的回忆。

经过这四个月的训练，我的厨艺也越来越棒。训练的压力需要一个释放的通道，我的通道就是做饭。做饭的过程让我觉得非常放松，也非常的充实，这是一种休息的状态，为下午或者晚上的训练充电。同时，每日均衡的营养保证了健康的身体及精神状态。

附录：高隽老师培养的"世界记忆大师"和《挑战不可能》明星学员风采

不知不觉就到了10月底，城市赛的枪声开启了一个新的阶段。

第一次参赛内心毕竟还是十分忐忑的，虽然大家都说没问题，但是内心还是会有一些隐隐的担忧。老师们为我们精心筹备模拟测试，让我们适应赛场环境，一次又一次的测试让我越来越有信心。终于在城市赛中我取得了3068分全场第16名的成绩，并且拿到了初级认证记忆大师9级证书！

城市赛结束了，但是我丝毫不敢放松。城市赛过后，我基本再没有迈出基地大门，因为我知道后面有更大的挑战在等着我。很快我们就迎来了紧张的中国赛，一同进军重庆。袁老师的经验点拨和耐心等候，高老师的从容不迫和宠辱不惊，彭映老师的策略分析，让我在赛场上得以稳定地发挥，最终成绩3629分，全场排名第78名。

最让我感动和兴奋的，是我在国赛上以51秒的成绩攻破了铁人三项中的快速扑克牌项目，为世界赛打下了稳定的基础。快速扑克项目一直是一个挑战极限的项目，考验着参赛者的基本功、心理素质以及抗压能力。过程的惊心动魄，成功后的欢呼雀跃，让我终生难忘！

中国赛结束后就是最后的挑战了。现在回想，我已经忘了那段时间在做什么了，只记得每天非常、非常躁动。已经走到这一步了，我好怕会在最后关头倒下。如果没有考上，我可能会更加痛苦。但是越是这么纠结难受，我每天的发挥也就越差，我进入了一个恶性循环。我的得失心、我的胜负欲快要让我窒息。但是这个时候，我仿佛又听到高老师说的话，每天在心中反复想象领证的画面，相信吸引力法则会让我达成所愿。

慢慢地，我平静下来，开始发挥出平时的正常水平，并且在每天的训练中稳步提升。在决赛前最后一次模拟赛中，我第一次在基地获得了季军，这给了我莫大的信心！同时，我收到了高隽老师为我们准备的礼物，非常的开心。

终于迎来了期待已久的世界赛，将要面临与世界各国顶尖选手的终极对决，我的内心激动万分。赛场上，我谨遵老师们的教诲，沉浸在比赛中，享受比赛的过程，最终每一项都发挥得非常稳定，以总分3942分，成人组第55名，全场第75名的成绩拿到了世界记忆大师的证书！

《哈利·波特》里面，邓布利多校长对哈利·波特说，"在这人世当中，我们面对的大多数选择，并不是'正确的或错误的'。我们真正面临的选择是'正确的或容易的'。

我在开始大师班的学习之前，也不知道我放弃稳定的工作，重新开始学习，去挑战这个世界最难的赛事是正确的，还是浪费时间。当时身边朋友也在劝我不要那么辛苦，何必呢？

妈妈对这个比赛也不了解，她也不知道这个比赛的难度有多大，但是妈妈对我说了一句："做你想要做的事情。"于是我勇敢地迈出了这一步，无论结果如何，我都能接受。好在功夫不负有心人，我取得了第一个成果，拿到了世界记忆大师证书。但这只是一个新的开始，远远不是结束。

（左一：夏德俊，左二：王婵丹，左三：N·赫旭日，左四：高隽，左五：袁紫婕，左六：邓清）

那下一步我会做什么呢？我会以我的专业知识帮助更多对记忆法感兴趣的同学，真正做到为同学们减负。

四、"世界记忆大师"和《挑战不可能》明星选手养成记——袁紫婕

2019年12月8日，我在中国武汉光谷举办的"第28届世界脑力锦标赛"中以总分4628分的成绩获得"世界记忆大师"称号，成为新晋一百多位大师中的一员。的确，我是非常幸运的，但最终能成为大师也是必然的。为什么我这样笃定自己终将成为记忆大师呢？下面我就从自身经历和记忆法训练方面给大家讲讲我的故事。

（袁紫婕赛场留影）

1. 走上记忆之路，是偶然，也是必然

2019年3月，那是我最迷茫无助的时候，找寻不到自身价值与发展方向。这时，我的哥哥袁栋梁送给我三句话：一切都是最好的安排；求而不

得，往往不求而得；放下所有，拥有一切。这三句话点醒了我，让我意识到，当身处最低谷时，不论往哪个方向走，只要前进，便是进步。一件一件事做，一步一个脚印走，放下所有包袱，才能拥有希望。

哥哥袁栋梁是世界记忆大师，在他的鼓舞下，我来到了武汉东方巨龙集训基地。与怀抱着"世界记忆大师"梦想的许多学员不同，初来时我只是作为助教，帮忙做一些小事情。2019年4月，在袁老师的引领下，我从思考"为什么要成为记忆大师"开始，涉足记忆法学习。其实，我一开始是没有想成为记忆大师的，甚至对于记忆大师是什么也完全没有概念。我自身的专业是医学，转而重新去接触完全没有概念的新领域其实是手足无措的。

于是袁老师问我："你觉得学习记忆法可以给你带来些什么？"我说："无非让我记东西可以更快呗。"袁老师细细跟我讲记忆法的好处，"记忆法不仅可以让你记东西更快，它还可以提高你的专注力、想象力、思维能力等。还有很重要的一点是，它可以让你更自信。"我立刻被吸引了。我想要的不就是提升自己，证明自己的能力吗？从那一刻起，我对记忆法产生了好奇。我要学习这项技能，提升自己。

2. 训练之路

都说万事开头难，但不得不说东方巨龙大师班的老师真的很棒。从接触数字编码开始，老师就为我一个一个讲解、梳理、调整，再到后来亲自带领我们找地点桩，带领我们做读数连接，为学生提供了最便利的学习条件。实践不难，难的是心态的调整，我遇到的第一个问题就是静不下心来做一件事。袁老师说："要勇于走出自己的舒适区。"我想我一开始心静不下来，也有害怕走出舒适区的原因。但在老师的带领和同学的陪伴下，后来我竟慢慢喜欢上了挑战自我、从不言败的感觉。这正印证了袁老师说的话，学习记忆法可以帮助我变得更自信。

在东方巨龙大师班中，每个项目的训练方法、训练策略都是很有针对性的，老师们为十大项目整理出"葵花宝典"供我们训练。当然，老师们不只关注技术，更关心学生们的心理变化和好的心态养成。世界记忆大师高隽老师很耐心地教我们冥想打坐，以此来静心。世界记忆大师何老师运用所学的心理知识为我们进行心理疏导。老师们真的给了我们非常多的温暖。真的非常感谢东方巨龙的老师们，感谢东方巨龙！

我在训练中体会最深的有五点：第一，坚持训练最重要，不能三天打鱼两天晒网。为什么很多人训练过但没成大师？最主要的一个原因就是没有坚持。1天努力10分，然后休息3天；连续4天，每天努力3分，哪一种更好呢？正确答案一目了然。第二，付出时间。其实这点也与坚持挂钩。当积累到一定量时，质变自然会发生。第三，在训练中要深入体会，去发现自己的问题并解决问题。记忆法确实是很个性化、很灵活的东西，有些技术问题可以询问他人，同他人讨论，还有些则需要自己内化，去真听、真看、真感受，从而形成自己的一种理解。第四，学生需要根据自身水平和老师及时沟通去调整训练策略，找到对自己来说更优质的方案和策略。第五，心态稳定。这也是最重要的一点。在训练中，老师们就总是跟我们讲技法和心法。到训练后期，当大家水平趋于稳定时，比的基本是心态，谁心态好，谁的发挥就更加稳定。所以说，心态是重中之重。

3. 比赛经验分享

在东方巨龙集训基地中，老师为我们进行了数十次的小型模拟赛。这也是集训的一个好处，可以帮助学员熟悉比赛流程，锻炼比赛的心态。

城市赛时，由于是第一次参加大型比赛，我的心跳从第一个项目开始到最后一个项目结束就从未慢下来过，的确是非常紧张。记忆过程中，我多次尝试让自己静下来，却没有达到效果，反而更加关注心跳加速的事情。前两个项目过后，我很快就发现我在这样紧张的情况下也可以正常发挥，于是我便不再纠结于心跳加速问题，而是想紧张可以让我更兴奋，可以让我的速度加快，这样我就不担心因过于紧张而达不到自己定的最低目标了。我告诉自己，这是对自己的挑战，如果我能在这样的情况下把自己的正常水平发挥出来，我就很厉害了。

中国赛时，有了城市赛的比赛经验，没有那么紧张了。但是，可能因为对重庆的饮食不太习惯，比赛期间身体有些不适。比赛前我就准备了一些常用药，没想到真用上了。这正应了机会都是留给有准备的人的道理。此外，比赛时，我在心中告诉自己坚持一下，再坚持一下，最后竟然以自己的心志战胜了身体的不适，获得了全场前20名的成绩。

世界赛时，我不幸被安排在离正门口不到2米的位置上。比赛期间，进出都从这个门走，于是这个"宝座"就直面了一阵阵的凉风，我甚至因此患上了重感冒。我与前后桌的参赛者都为此困扰了许久，在求助组委会未果后，我只好在心态和策略上进行调整。无法改变外界环境时就只能改变自己了。心态上，我告诉自己，这也是一个挑战，能经受得住这个挑战，才是真正的大师。策略上，我对自己降低了一些要求。比如，原本能记20副扑克，我降低到15副、16副，原本想要拿高分，后来要求自己达到记对至少12副的标准。"我只要能保证把这些记好，就算是稳定发挥。少了好几副，我一定可以完成"，这样想来，心态上也加了一层力量。结果也确实如此，我完成了自己的目标。

更重要的一点就是，即使我降低了要求，我依然坚信自己可以达到大师标准，因为前期所做的准备已经使我把自己的最低线调到比标准还要高的水平上，这也就是老师们经常说的"求其上，得其中"。如果我的水平是13副，当我遇到突发情况时，几乎没有降低目标的空间，很有可能会与大师称号失之交臂。当然，赛场总是不乏这样的准大师。他们的失利让人感到很惋惜。所以，如果大家想要稳拿大师称号，就应尽量在前期把自己的水平调得更高，这样才能在遇到无法克服的情况时，依旧可以有条不紊

4. 挑战不可能

因为在世界记忆锦标赛上的出色表现，我受邀参加《挑战不可能》节目的录制，并且挑战成功。我与哥哥袁栋梁一起登上中央电视台的舞台，接受"记忆30道年味"的挑战。

具体规则是，由10组家庭做30道菜，挑战者共同观察20分钟。随后嘉宾选取3道菜，主持人撒贝宁从选取的每道菜中夹一筷子。挑战者在20分钟内，找出至少其中两道菜并写出夹走的食材则挑战成功。

此次挑战的规则近乎严苛，节目中所有的挑战道具都在现场完成，选手无提前准备的可能。另外，30道菜中，有的菜甚至有10多种食材，翻炒后碎渣之多、菜形菜色变化之复杂，都会对观察造成极大干扰。能记住30道菜的所有食材已是不简单，何况还要记忆盘中被随机夹走的食材，难度不言而喻。

当然，最终我们挑战成功了。这一成功离不开备战世界记忆锦标赛的刻意训练。这一年，接触记忆法让我感到很幸运、很开心。遇到的很多人都像是上天派来的天使，让我相信一切都是最好的安排。只要你肯努力，一切都是有可能的。

感恩宣言

此书的出版首先要感谢我亲爱的父亲高华堂,母亲张小莉,没有你们就没有今天的我,感谢你们的支持与鼓励。

感谢我学习记忆法的恩师刘苏、王峰、袁文魁、郑爱强和张兴荣,感恩你们的指导。感恩一同打比赛的好战友们,特别感谢冯汝丽和琚倩云,是你们在我最无助时给了我亲人般的温暖,是我放在心尖尖上的人。得此挚友是我一辈子的幸运。

感谢石伟华老师创建的"百日十万字"挑战营,没有石老师和小伙伴的帮助就没有这本书的问世。

感谢我的人生成长导师李欣频老师,您一直是我的标杆,没有您在前方的引领,我不敢想象自己有出书的一天。您让我相信靠自己也可以完成梦想,将企图依附他人的想法连根拔除,解除我额头的封印,唤醒那个本已自满的自己,明了如何和自己安然待在一起。您让我的脚步不因惧怕踏空而坚定,清明觉知当下。

感谢我的师父大慧普吉禅师一路引领。是您传授的禅修方法让我相信本自具足,找到最为原始的信心与能量。

感谢本书的插画师何琴、向慧、琚倩云三位灵气满满的女性,感谢大家的大力支持!

最后要特别感谢本书的编辑郝珊珊女士对我的信任与支持,才能让本书有机会和大家见面,感谢您!